DANIEL KREẞ

DIE WISSENSCHAFTLICHE GESELLSCHAFT AN DER JOHANN WOLFGANG GOETHE-UNIVERSITÄT FRANKFURT AM MAIN 1955–2022

SITZUNGSBERICHTE DER WISSENSCHAFTLICHEN GESELLSCHAFT
AN DER JOHANN WOLGANG GOETHE-UNIVERSITÄT FRANKFURT AM MAIN

BAND LIX, NR. 3

Wissenschaftliche Gesellschaft an der Johann Wolfgang Goethe-Universität
Frankfurt am Main

in Kommission bei
FRANZ STEINER VERLAG STUTTGART
2022

DIE WISSENSCHAFTLICHE GESELLSCHAFT AN DER JOHANN WOLFGANG GOETHE-UNIVERSITÄT FRANKFURT AM MAIN 1955–2022

VON
DANIEL KREß

Wissenschaftliche Gesellschaft an der Johann Wolfgang Goethe-Universität
Frankfurt am Main

in Kommission bei
FRANZ STEINER VERLAG STUTTGART
2022

Eine Kurzfassung des Beitrags unter dem Titel „Die Wissenschaftliche Gesellschaft 1962–2020: Tendenzen und Entwicklungen“ wurde vorgetragen anlässlich der Sitzung der Wissenschaftlichen Gesellschaft am 15. Januar 2022.

Bibliographische Information der Deutschen Nationalbibliothek.
Die Deutsche Nationalbibliothek verzeichnet diese Publikation in der Deutschen Nationalbibliographie; detaillierte bibliographische Daten sind im Internet über http://dnb.d-nb.de abrufbar.
ISBN: 978-3-515-13438-5

 Satz und Druck: Bonifatius GmbH Druck – Buch – Verlag.
Printed in Germany

VORWORT DES HERAUSGEBERS

Die Wissenschaftliche Gesellschaft an der Johann Wolfgang Goethe-Universität Frankfurt am Main blickt auf eine weit über hundertjährige Geschichte zurück. Sie knüpft an die Tradition der im Jahr 1906 in Straßburg gegründeten „Wissenschaftlichen Gesellschaft in Straßburg" an, die nach dem Ersten Weltkrieg auf Umwegen schließlich in Frankfurt am Main unter neuem Namen eine Heimat fand. Sie ist eine Gelehrtengesellschaft, in Struktur und Zielsetzung den Akademien der Wissenschaften analog, und sieht ihre primäre Aufgabe in der Zusammenführung von Geistes- und Gesellschaftswissenschaften ebenso wie Naturwissenschaften und Medizin in einem Ambiente des gelehrten wissenschaftlichen Diskurses. Im Zeitalter der zunehmenden Aufgliederung und Spezialisierung der Einzelwissenschaften erscheint dieses Anliegen umso bedeutsamer.

In einem sehr verdienstvollen Aufsatz hatte der Historiker Peter Herde die Geschichte der Wissenschaftlichen Gesellschaft bis in die 1960er Jahre hinein nachgezeichnet, trotz dürftiger Quellenlage infolge von Ortswechseln und den Kriegsereignissen. Seither fehlten neuere Übersichten, der historische Zusammenhang drohte verloren zu gehen. Personen und Leitungen der Geschäftsstelle wechselten im Laufe der Jahrzehnte, und am Ende blieben allein die verstreuten Dokumente als Quelle für die historische Aufarbeitung. Herr Daniel Kreß, Doktorand am Historischen Seminar der Goethe-Universität, unterzog sich dankenswerterweise der umfangreichen Aufgabe, neben seiner Dissertation in Neuester Geschichte einen Abriss der jüngeren Geschichte der Wissenschaftlichen Gesellschaft zu verfassen. Mit großem Engagement hat er die Unterlagen aus dem Fundus der Gesellschaft durchforstet, die für die Sichtung teilweise erst neu geordnet werden mussten. Vergleicht man die Berichte von Herde und Kreß, so finden sich eindrückliche Parallelen. Beide zeichnen das Bild von hervorragenden Gelehrten, die die Geschicke der Wissenschaftlichen Gesellschaft geprägt und aus dem Fundus ihres jeweiligen Faches den wissenschaftlichen Diskurs befruchtet haben. Sie beleuchten aber auch das stete Bemühen der Gesellschaft um finanzielle Konsolidierung, um ihren Aufgaben für die Förderung wissenschaftlicher Vorhaben gerecht zu werden, die immer wieder neue Suche nach einer festen Bleibe, das zeitweise schwierige Verhältnis zur Universität, die vergeblichen Anläufe, Stadt Frankfurt und Bundesland Hessen für eine Akademiegründung zu gewinnen, das Publikationswesen oder die Abhängigkeit der Entwicklung der Gesellschaft von den politischen Rahmenbedingungen. Heute nimmt die Wissenschaftliche Gesellschaft einen wichtigen Raum im Wissenschaftsgeschehen der Stadt ein. Die enge Anbindung an die Goethe-Universität bringt beiderseitigen Gewinn. Die Geschichte der Wissenschaftlichen Gesellschaft wurde auch zu einem Stück Universitätsgeschichte.

Es ist nicht möglich, in diesem Rahmen das wissenschaftliche Oeuvre der Gesellschaft darzulegen. Die Aufnahme des bedeutenden Schriftenverzeichnisses der Gesellschaft am Ende des Texts, beginnend mit ihren Wurzeln in Straßburg bis in die Gegenwart, mag Zeugnis geben von Intensität und Ausmaß ihrer wissenschaftlichen Arbeit.

An dieser Stelle gilt mein Dank Frau Luise Mehrling in der Geschäftsstelle der Wissenschaftlichen Gesellschaft für ihre vielfältige Unterstützung bei der Quellenforschung, dem Masterstudenten der Neueren Geschichte, Herrn Maximilian Sterkel, der die in unterschiedlichen Bibliothekssystemen verstreuten Publikationen der Gesellschaft dem Vergessen entrissen hat, den Kolleginnen und Kollegen, die rückblickend einzelne Facetten der jüngeren Geschichte der Gesellschaft erhellen konnten und schließlich Daniel Kreß, der mit diesem Abriss die Geschichte der Wissenschaftlichen Gesellschaft zu neuem Leben erweckt hat

Herbert Zimmermann

INHALTSVERZEICHNIS

DIE WISSENSCHAFTLICHE GESELLSCHAFT AN DER JOHANN WOLFGANG GOETHE-UNIVERSITÄT FRANKFURT AM MAIN 1955–2022

Daniel Kreß

PROLOG

In ihrer über einhundertjährigen Geschichte ist die Wissenschaftliche Gesellschaft an der Johann Wolfgang Goethe-Universität durch unterschiedliche Zeitströmungen gegangen. Unter zum Teil schwierigen Umständen bot sie stets einen Rückzugsraum, um Wissenschaft zu vertiefen – in der Zusammenarbeit von Gelehrten aus der ganzen *universitas*. Angesichts des modernen Spezialistentums verfolgt sie die Idee, den Diskurs ohne die Klasseneinteilung einer Akademie aufrecht zu erhalten. Nach dem Krieg wurde an die Werte der vornationalsozialistischen Epoche angeknüpft. Deutschland war in den 1920er Jahren in den Natur- und Geisteswissenschaften vorbildlich gewesen. Nun bot sich die Chance, diese Diskussionsstränge wieder aufzunehmen. Es wuchs der Einfluss der amerikanischen Wissenschaft, und die Tradition wurde durch Modelldenken, Entwicklungsplanung und bald auch durch einen Generationenwechsel und die Studentenrebellion herausgefordert. Dem folgte die Universitätsreform von 1970, die zu einer Neuausrichtung der traditionellen Universitätsstrukturen führte. Gegenwärtig stellen Forschungsförderprogramme häufig den transnationalen Gesichtspunkt in den Vordergrund. Der fächerübergreifende Diskurs und die daraus resultierende Wissenschaftsentwicklung drohten in den Hintergrund zu rücken.

Die Gesellschaft befördert den Dialog zwischen den einzelnen Wissenschaftsdisziplinen durch regelmäßige Vortragssitzungen mit anschließenden Diskussionen, die während des Semesters abgehalten werden. Die behandelten Themen umfassen sämtliche Bereiche der Natur-, Geistes- und Sozialwissenschaften. Vorträge und Diskurs bilden das Herzstück der Aktivitäten der Gesellschaft. Im vorliegenden historischen Abriss bleibt dies im Hintergrund. Die Vorträge werden jedoch regelmäßig als Einzelbände publiziert und sind daher in öffentlichen Bibliotheken oder über das Internet der Allgemeinheit zugänglich. Die Zahl der Publikationen ist inzwischen auf weit über 200 gestiegen. Das Publikationsverzeichnis findet sich im Anhang. Darüber hinaus hat die Gesellschaft ihr Tätigkeitsspektrum durch öffentliche Vortragsreihen, die Zusammenarbeit mit anderen wissenschaftlichen Einrichtungen und auch durch die Unterstützung von Ausbildungsmaßnahmen der Universität erweitert.

Die Wissenschaftliche Gesellschaft an der Johann Wolfgang Goethe-Universität ist aus der „Wissenschaftlichen Gesellschaft in Straßburg" hervorgegangen, die am 27. Juli 1906 durch Professoren der dort neu errichteten Kaiser-Wilhelm-Universität gegründet wurde. Nach dem Ersten Weltkrieg, als Elsaß-Lothringen wieder an Frankreich fiel und die deutschen Professoren Straßburg verlassen mussten, gelangte sie nach zeitweiliger Zerstreuung und freundlicher Aufnahme in Heidelberg schließlich nach Frankfurt am Main, wo sie 1931 rechtskräftig etabliert wurde. Seit dieser Zeit ist die Geschichte der Wissenschaftlichen Gesellschaft, nach Rechtslage ein privater Verein, eng mit der Geschichte der Johann Wolfgang Goethe-Universität verbunden, an der die meisten Mitglieder als Professorinnen und Professoren lehren.

Die vorliegende Darstellung der neueren Geschichte der Gesellschaft erfolgt im Wesentlichen entlang der Zeitachse. Der Frankfurter Historiker Notker Hammerstein hat die Historie der Johann Wolfgang Goethe-Universität in drei Bänden[1] ausführlich dokumentiert: Dank der Initiative von Vertretern der Stadt Frankfurt am Main, großzügigen Stiftern und mit Genehmigung des preußischen Königs Kaiser Wilhelm II. war die Universität im Jahr 1914 als „Stiftungsuniversität" unter dem Namen „Königliche Universität zu Frankfurt am Main" gegründet worden. Dies bot ihr ein höheres Maß an Eigenverantwortung und Selbständigkeit als das bei staatlichen Universitäten möglich war. Aber bereits nach dem Ersten Weltkrieg war das Stiftervermögen weitgehend verloren. Ein Vertrag zwischen der Universität und dem Staat Preußen sorgte für finanzielle Entlastung. Der Schließung der Universitätsgebäude im Frühjahr 1945 durch die in Frankfurt am Main eingerückten Amerikaner folgte 1946 die Wiederaufnahme des akademischen Lehrbetriebs in weitgehend zerstörten Gebäuden. Der Wiederaufbau und die weitere Entwicklung der Universität überstiegen bald die finanziellen Möglichkeiten der Stadt. Daher übernahm das Bundesland Hessen im Jahr 1953 die finanziellen Verpflichtungen. 1967 wurde die Johann Wolfgang Goethe-Universität schließlich hessische Landesuniversität und zukünftig den hochschulpolitischen Vorgaben des Landes Hessen unterworfen. Die weitere Entwicklung der Wissenschaftlichen Gesellschaft weist daher stets Bezüge zu diesen drei Polen auf: der Stadt Frankfurt am Main, der Johann Wolfgang Goethe-Universität und dem Land Hessen.

Inzwischen firmiert die Johann Wolfgang Goethe-Universität unter dem Namen Goethe-Universität oder auch dem Akronym GU. Im Folgenden wird weitgehend der neue Name Goethe-Universität verwendet.

Im Zweiten Weltkrieg war ein wesentlicher Teil des Fundus der Gesellschaft verloren gegangen. Doch der feste Zusammenhalt ihrer Mitglieder hatte Bestand. Bereits Ende 1945 wurde die Arbeit im Rahmen der Möglichkeiten wieder aufgenommen. Die Gesellschaft tilgte 1947 den Straßburger Bezug und

1 Vgl. Hammerstein, Notker: Die Johann Wolfgang Goethe-Universität Frankfurt am Main Bd. I–III. Göttingen 1989, 2012, 2014.

trat 1956 anlässlich ihres 50-jährigen Bestehens erstmals unter dem heutigen Namen an die Öffentlichkeit. Mittlerweile setzt sich die Gesellschaft nicht nur aus Angehörigen der Goethe-Universität, sondern auch aus Angehörigen anderer wissenschaftlicher Institutionen der Stadt zusammen, wie etwa Städel, Liebighaus, Römisch-Germanische Kommission und Freies Deutsches Hochstift. Auch Kolleginnen und Kollegen anderer hessischer Universitäten wie Darmstadt, Gießen und Marburg vereint die Gesellschaft im Kreis ihrer derzeit etwa 90 Mitglieder.

Die vorliegende Abhandlung hat die Geschichte der Wissenschaftlichen Gesellschaft von 1955 bis in die Gegenwart zum Gegenstand. Sie knüpft damit direkt an die Arbeit des Historikers und langjährigen Gesellschaftsmitglieds Peter Herde an, die 1981 in einer Festschrift zum 75-jährigen Bestehen der Gesellschaft erschienen war. Herde, der in seinem als Abriss deklarierten Aufsatz die ersten Jahrzehnte der Gesellschaftsgeschichte nachzeichnete, sah sich, wie er gesteht, aufgrund der recht dürftigen Überlieferungslage dazu veranlasst, seine Darlegungen im Wesentlichen auf die erhaltenen Protokollbücher und Aktenbestände (im Folgenden PB und AWG) der Gesellschaft zu stützen. Der Großteil des einstmals noch vorhandenen Materials – zwei voll bestückte Schränke – war bereits 1945 aus jenem Zimmer verschwunden, das die Universität Frankfurt der Gesellschaft zur Verfügung gestellt hatte. Weitere Recherchen, selbst im Ausland, verliefen ergebnislos. Ohnehin scheint vieles in mündlicher Absprache und ohne weiteren schriftlichen Niederschlag verhandelt worden zu sein, so auch die verschiedenen Verlegungen der Gesellschaft 1918 von Straßburg nach Heidelberg bzw. 1929 von Heidelberg nach Frankfurt.[2]

An der Überlieferungssituation hat sich prinzipiell nichts geändert. Auch diese kurze Darstellung, initiiert durch den derzeitigen Präsidenten Herbert Zimmermann, beruht in Ermangelung weiterer Quellen im Wesentlichen auf den Protokollbüchern, den Beschlussprotokollen der Vorstandssitzungen und Mitgliederversammlungen sowie den ab 1962 vollständig überlieferten Jahresberichten (JB). Diese wurden von den jeweiligen Präsidenten der Gesellschaft verfasst und geben Auskunft über die laufenden Tätigkeiten der Gesellschaft im vergangenen Geschäftsjahr.

Die Zusammensetzung der Leitungsgremien der Gesellschaft ebenso wie die Bezeichnung der im Vorstand vertretenen Funktionen wurde im Laufe der Gesellschaftsgeschichte mehrfach geändert. Änderungen in den Jahren 1963 bis 1966 führten u.a. die Bezeichnung „Präsident“ für die des „Vorsitzenden“ der

2 Vgl. Herde, Peter: 75 Jahre Wissenschaftliche Gesellschaft. Ein Abriß ihrer Geschichte. In: Wissenschaftliche Gesellschaft an der Johann Wolfgang Goethe-Universität (Hrsg.): Festschrift der Wissenschaftlichen Gesellschaft an der Johann Wolfgang Goethe-Universität Frankfurt am Main. Wiesbaden 1981, S. 1–53, hier: S. 1. Tatsächlich wird noch im Jahresbericht für 1974 ein Vorstandsrundschreiben vom Juni 1929 über die geplante Verlegung der Gesellschaft von Heidelberg nach Frankfurt zitiert. Vgl. O’Daniel, Herbert: JB 1974, S. 2.

Gesellschaft ein.[3] Nach der gegenwärtigen Satzung vom 13. August 2015 vertritt der „Vorsitzende“ die Gesellschaft nach außen als „Präsident“. Der Übersichtlichkeit halber wird der jeweilige Vorsitzende hier durchgehend als Präsident bezeichnet.

Des Weiteren wurden ausgewählte Kurzporträts bereits verstorbener Gesellschaftsmitglieder eingearbeitet, die nicht nur Einblick in das breite Repertoire der vertretenen Fachrichtungen, sondern auch in die zeitgeschichtlichen Rahmenbedingungen gewähren, in die das jeweilige Forscherleben wie auch die Aktivitäten der Gesellschaft eingebettet waren. Eine wichtige Quelle hierfür bildeten die von der Wissenschaftlichen Gesellschaft verfassten Nachrufe, die sie in ihren Sitzungsberichten veröffentlicht.

Zusätzlich wurden mit einigen der älteren Mitglieder, namentlich Maria Radnoti-Alföldi (†), Klaus Vogel sowie Michael Stolleis (†) im Juli des Jahres 2019 ausführliche Gespräche geführt. Wichtige Anregungen kamen zudem von den langjährigen früheren Vorstandsmitgliedern Herrmann Jungraithmayr, Bertram Schefold, Peter Herde sowie Christoph Cornelißen. Susanne Sievers danke ich für die redaktionelle Bearbeitung des Texts.

Mein besonderer Dank gilt aber nicht zuletzt der Leiterin der Geschäftsstelle der Gesellschaft Luise Mehrling, ohne deren tatkräftige Unterstützung bei der Sichtung und Sortierung der vorhandenen Materialien dieser Abriss nicht zustande gekommen wäre. Auch dem Präsidenten der Gesellschaft Herbert Zimmermann sei an dieser Stelle für die Überarbeitung des Manuskripts und textliche Ergänzungen gedankt.

KONSOLIDIERUNG UND WEITERE ENTWICKLUNG DER GESELLSCHAFT UNTER DEM VORSITZ VON BORIS RAJEWSKY, 1955–1970

Neustart mit der Vorkriegs- und Kriegsgeneration

Der Physiker Boris Rajewsky (1893–1974) wurde 1955 zum Präsidenten gewählt und blieb es für 15 Jahre.[4] In der maßgeblich durch ihn geprägten Disziplin der Biophysik, genauer, auf dem Gebiet der Strahlenforschung, hatte er sich europaweit einen Namen gemacht. In der Ukraine aufgewachsen und promoviert, kam er 1922 nach Frankfurt, um sich 1929 bei Friedrich Dessauer mit einer Arbeit über die Strahlenwirkung auf Eiweiß am Institut für Physikalische Grundlagen der Medizin zu habilitieren – nicht lange, bevor auch die Wissenschaftliche Gesellschaft von Heidelberg nach Frankfurt übersiedelte und durch

3 Herde: 75 Jahre Wissenschaftliche Gesellschaft. S. 53.
4 Vgl. PB 1909–1956: Eintrag vom 14.5.1955, S. 276.

die verstärkte Zuwahl ortsansässiger Frankfurter Ordinarien Anbindung an die noch junge Universität zu suchen begann.[5] Nach der durch die Nationalsozialisten erzwungenen Emigration Dessauers 1934 stieg Rajewsky als dessen Stellvertreter noch im selben Jahr zum Leiter des Instituts auf, das unter ihm in ein Kaiser-Wilhelm-Institut (KWI) für Biophysik (später das Max-Planck-Institut für Biophysik) umgewandelt wurde. Zum ordentlichen Mitglied hatte die Wissenschaftliche Gesellschaft Rajewsky im April 1936 gewählt.[6] Um überhaupt die Leitung des Instituts übernehmen zu können, war er 1933 der SA beigetreten. 1937 trat er der NSDAP bei. 1939 wurde er schließlich, nach vorheriger Ablehnung, in den NS-Dozentenbund aufgenommen.[7] In Frankfurt an Tieren getestete Strahlenwirkungen wurden bis 1945 in einer Außenstelle des KWI für Biophysik im Erzgebirge unter dem Vorwand therapeutischer Behandlung auch an Menschen überprüft. Nach Kriegsende wurde Rajewsky kurz interniert. Dann allerdings wurde ihm von allen von der Verteidigung vor Gericht berufenen Zeugen eine Oppositionshaltung zur nationalsozialistischen Bewegung attestiert. Er leitete das Max-Planck-Institut für Biophysik noch bis 1967 weiter,[8] wo er sich der Erforschung der Einsetzbarkeit ionisierender Strahlung in der Krebstherapie und des Schutzes des Menschen gegen sie widmete.[9]

Rajewskys Vorgänger als Präsident, der Germanist und Volkskundler Julius Schwietering (1884–1962), der seit 1934 Mitglied der Wissenschaftlichen Gesellschaft war,[10] blieb unter Rajewskys Vorsitz noch drei Jahre dessen Stellvertreter, bevor er sich aus dem Vorstand zurückzog. Schwietering lehrte als Ordinarius für Ältere Germanistik zunächst ab 1932, dann wieder ab 1946 an der Universität Frankfurt am Main. Durch seinen interdisziplinären Forschungsansatz, der sprach- und literaturwissenschaftliche Textanalysen mit volkstümlicher Realienkunde und theologischen Fragestellungen zu einer innovativen „soziologischen Volkskunde" und Literatursoziologie verband, erwarb er sich besondere Bedeutung über die Germanistik hinaus. In seinem Hauptwerk „Die deutsche Dichtung des Mittelalters" begründete er den inneren Zusammenhang des Mittelalters als eigenständiger Epoche durch die kontinuierliche Fundierung höfischer Dichtung in christlicher Frömmigkeit. Außerdem gab Schwietering seit 1939 die Zeitschrift für deutsches Altertum und deutsche Literatur heraus, war Ehrenmitglied der *Modern Language Association* sowie Vorsitzender

5 Vgl. Herde (Anm. 2): 75 Jahre Wissenschaftliche Gesellschaft. S. 35.

6 Vgl. PB 1909–1956: Eintrag vom 4.4.1936, S. 228.

7 Vgl. Hammerstein, Notker: Die Johann Wolfgang Goethe-Universität Frankfurt am Main. Bd. I: Von der Stiftungsuniversität zur staatlichen Hochschule 1914–1950. Neuwied u. Frankfurt am Main 1989, S. 386–388.

8 Wesp, Dieter: Rajewsky, Boris. In: Frankfurter Personenlexikon. URL: https://frankfurter-personenlexikon.de/node/822 zuletzt geändert am 27.2.2019, abgerufen am 16.1.2022.

9 Vgl. Schopper, Erwin: Nachruf auf Boris Rajewsky. In: Sitzungsberichte der Wissenschaftlichen Gesellschaft an der Johann Wolfgang Goethe-Universität Frankfurt am Main Bd. XII, Nr. 4. Wiesbaden 1975, S. 33–39, hier: S. 35.

10 Vgl. PB 1909–1956: Eintrag vom 25.11.1934, S. 223.

der Gesellschaft für deutsche Philologie. Nach seiner Emeritierung 1952 erhielt er mehrere Gastprofessuren in den USA und war der erste Deutsche, dem man nach dem Krieg die Ehrendoktorwürde der Universität Chicago verlieh.[11]

Julius Schwietering

Es dürfte für Boris Rajewsky ein kleiner Schock gewesen sein, als man im Spätsommer des Jahres 1963 feststellen musste, dass die Wissenschaftliche Gesellschaft seit 1950 – rund 14 Jahre lang – juristisch ohne Vorstand und dass jede der seither vorgenommenen Zuwahlen neuer Mitglieder ungültig gewesen war. Fehlende Kommunikation mit den Behörden bzw. „durch die Nachkriegszeit bedingte[n] Unterlassungen formeller Art"[12] hatten offenbar zu einem gravierenden Missverständnis geführt: Der stets ordnungsgemäß gewählte Vorstand war nie ins Vereinsregister eingetragen worden. Rajewsky, der sich zuvor per amtsgerichtlichem Beschluss zum Notvorstand hatte bestellen lassen, rief daraufhin Ende Dezember 1963 diejenigen seiner Kollegen, die bereits vor 1950 Mitglieder der Gesellschaft gewesen waren, für den 11. Januar zu einer Mitgliederversammlung zusammen, um „das Versäumte nachzuholen." Auf dieser Versammlung wurden dann die nach 1950 aufgenommenen Mitglieder – immerhin 33 von insgesamt 39 – durch die Anwesenden Matthias Gelzer, Erhard Lommatzsch, Rajewsky selbst sowie durch die schriftliche Zustimmung Erwin

11 Jordan, Stefan: Schwietering, Julius. In: Neue Deutsche Biographie Bd. 24. Wiesbaden 2010, S. 84f.

12 Rajewsky, Boris: JB 1964, S. 3.

Madelungs und Friedrich Laibachs bestätigt.[13] In gewissem Sinne handelte es sich um eine zweite Geburt der Gesellschaft.[14]

Boris Rajewsky

Die wissenschaftlichen Verdienste dieser beinahe 40 Mitglieder, über welche die Gesellschaft Anfang der 1960er Jahre verfügte, waren bedeutsam. Mit Erwin Madelung (1881–1972) war 1921 ebenfalls ein hochrangiger Physiker an die Universität Frankfurt und damit in die Nachfolge solch klingender Namen wie Max von Laue und Max Born berufen worden. Zum ordentlichen Mitglied wählte die Wissenschaftliche Gesellschaft ihn im November 1931,[15] als Madelung Universitätsrektor war. Als stellvertretender Vorsitzender der Gesellschaft

13 PB 1957–1969: Eintrag vom 11.1.1964, S. 68. In einer Anlage zum Protokoll dieser Mitgliederversammlung findet sich eine Namensliste der „wiederaufgenommenen" Gesellschaftsmitglieder: Walter Artelt, Franz Böhm, Wilhelm Claß, Helmut Coing, Marianus Czerny, Adalbert Erler, Wolfgang Franz, Oscar Gans, Hermann Hartmann, Erich Heinz, Max Horkheimer, Friedrich Hund, Harald Keller, Paul Kirn, Gerhard Kleiner, Wilhelm Krücke, Herbert Lehmann, Hans Möller, Fritz Neumark, Herbert O'Daniel, Harald Patzer, Wolfgang Preiser, Hans Ritter, Paul Royen, Heinz Sauermann, Hans Sckommodau, Dietrich Starck, Hermann Strasburger, Helmut Viebrock, Otto Vossler, Gottfreid Weber, Karl Wezler, Theodor Wieland. Vgl. PB 1957–1969: Eintrag vom 11.1.1964, S. 70.

14 Die Geschichte der Wissenschaftlichen Gesellschaft ist – vom Festschriftaufsatz Peter Herdes als bei Weitem ausführlichster Darstellung des Themas einmal abgesehen – immer wieder Gegenstand rasch skizzierter, meist drei bis vier Seiten nicht überschreitender Berichte gewesen, die etwa anlässlich eines Jubiläums oder des Amtsantritts eines neuen Präsidenten erstellt wurden, der mit Blick auf die Zukunft kurz Rückschau hielt: So finden sich in den erhaltenen Aktenbeständen eine Pressemitteilung Matthias Gelzers zum 50-jährigen Bestehen der Gesellschaft von 1956, eine entsprechende dreiseitige von 1966 (Ordner „Rundschreiben 1956–1981") sowie Herbert O'Daniels Rückblicke in den Jahresberichten für die Jahre 1974 bzw. 1976. Vgl. Gelzer, Matthias: Pressemitteilung zum 50. Geburtstag der Wissenschaftlichen Gesellschaft 1956. In: AWG, Blauer Ordner „Jahresberichte 1962–1983", S. 1–3 sowie O'Daniel, Herbert: JB 1974/1976.

15 Vgl. PB 1909–1956: Eintrag vom 15.11.1931, S. 214.

für beinahe 20 Jahre – vom Mai 1937 bis zum Mai 1955[16] – hatte Madelung wie Rajewsky nach ihm gewiss keinen geringen Anteil daran, die Gesellschaft durch schwere Zeiten zu führen und nach dem Krieg wiederaufzubauen. Seine Verdienste innerhalb der theoretischen Physik, die er bis zu seiner Emeritierung 1949 in Frankfurt lehrte, lagen in seinen überwiegend in jungen Jahren gemachten Entdeckungen auf dem Gebiet der Kristallgitter-Dynamik und der zu dieser Zeit noch in den Kinderschuhen steckenden Quantenmechanik. Außerdem schrieb er ein sich großer Popularität erfreuendes Buch über die Mathematischen Hilfsmittel des Physikers, das bis in die 1960er Jahre sieben Auflagen erreichte.[17]

Der Romanist und Lexikograph Erhard Lommatzsch (1886–1975), hinzugewählt im Mai 1937,[18] lehrte bereits seit 1928 an der Universität Frankfurt. Lommatzsch hinterließ der Welt den fertigen Löwenanteil des einst von seinem Lehrer Adolf Tobler in Berlin begonnenen und später durch dessen Schüler abgeschlossenen Altfranzösischen Wörterbuchs, das die ältere, französische Sprache des 11. bis 14. Jahrhunderts abdeckt und mittlerweile unter dem Kürzel TL („Tobler-Lommatzsch") zu einem unverzichtbaren Nachschlagewerk der älteren Romanistik avanciert ist.[19]

Durch jahrzehntelanges Engagement im Ausschuss (dem erweiterten Vorstand) und dem Vorstand selbst hat sich nicht zuletzt auch der Althistoriker Matthias Gelzer (1886–1974) – wahrscheinlich eines der langjährigsten Mitglieder überhaupt – um die Wissenschaftliche Gesellschaft verdient gemacht. Hinzugewählt wurde er bereits 1920.[20] Gelzer, der sich in seinen Forschungen fern jedweden Theoretisierens streng an die überlieferten Quellen hielt, legte mit seiner Habilitationsschrift über die Nobilität der Römischen Republik die erste wirklich durchdringende Studie der sozialen und wirtschaftlichen Verhältnisse der römischen Führungsschicht vor. Deren Protagonisten zur Zeit des Niedergangs der Republik porträtierte er später in bis heute als Standardwerke geltenden Biographien. An der Universität Frankfurt blieb er bis zu seiner Emeritierung 1955. Mehrere Rufe, unter anderem nach Heidelberg und Freiburg, lehnte er ab. In Frankfurt war er 1924 Rektor der Universität.[21] Als neutraler Schweizer in der Kriegszeit zum Dekan gewählt, wurde er 1941 zunächst unzählige Sit-

16 Vgl. ebd.: Eintrag vom 8.5.1937, S. 233; Eintrag vom 14.5.1955, S. 276.

17 Vgl. Czerny, Marianus: Nachruf auf Erwin Madelung. In: Sitzungsberichte der Wissenschaftlichen Gesellschaft an der Johann Wolfgang Goethe-Universität Frankfurt am Main Bd. XII, Nr. 4. Wiesbaden 1975, S. 5–9.

18 Vgl. PB 1909–1956: Eintrag vom 8.5.1937, S. 233.

19 Vgl. Sckommodau, Hans: Nachruf auf Erhard Lommatzsch. In: Sitzungsberichte der Wissenschaftlichen Gesellschaft an der Johann Wolfgang Goethe-Universität Frankfurt am Main Bd. XVII, Nr. 2. Wiesbaden 1980, S. 5–8, hier: S. 5.

20 Vgl. PB 1909–1956: Eintrag vom 28.9.1920, S. 159.

21 Vgl. Bleicken, Jochen: Nachruf auf Matthias Gelzer. In: Sitzungsberichte der Wissenschaftlichen Gesellschaft an der Johann Wolfgang Goethe-Universität Frankfurt am Main Bd. XII, Nr. 4. Wiesbaden 1975, S. 25–32, hier: S. 31.

zungen beflissen protokollierender Schriftführer, 1958 dann stellvertretender Vorsitzender der Gesellschaft – ein Amt, das er bis Ende 1961 behielt.[22]

Neuaufstellung von Universität und Wissenschaftlicher Gesellschaft

Nach Kriegsende setzte sich Rajewsky als Rektor (1949–1951) und als Prorektor (1951–1954) unermüdlich für den Wiederaufbau der vom Verfall bedrohten Stiftungsuniversität der Stadt Frankfurt am Main ein. Bei Bürgern und im Magistrat warb er um Unterstützung, er belebte die Vereinigung der Freunde und Förderer der Goethe-Universität wieder oder knüpfte verlorengegangene, internationale Kontakte neu.[23] Mit der Übernahme des Vorstandsvorsitzes der Wissenschaftlichen Gesellschaft galt sein Hauptaugenmerk fortan der Wiederaufnahme deren wissenschaftlicher Tätigkeit. Auch die finanzielle Konsolidierung der Gesellschaft wurde zu einem der zentralen Themen der fünfziger Jahre. Davon, dass das Land Hessen ab 1953 die finanziellen Verpflichtungen des ehemaligen preußischen Staates der Universität gegenüber übernahm, hatte die Wissenschaftliche Gesellschaft als privater Verein freilich keinen unmittelbaren Nutzen. Hatte das Vermögen der Gesellschaft Ende 1944 noch rund 265.000 RM betragen, war es infolge des vollständigen Zusammenbruchs Deutschlands im Frühjahr 1945 bis zum 20. Juni 1948 – dem Tag vor der Einführung der Deutschen Mark – auf 18.340 RM in Wertpapieren und ein Bankguthaben von 27.871 RM bzw. bis 1949 auf magere 1.815 DM in Wertpapieren sowie ein Bankguthaben von 887 DM zusammengeschrumpft.[24] Eine Wiederaufnahme der Publikationstätigkeit war vorerst ausgeschlossen, jedenfalls nicht aus eigener finanzieller Kraft zu leisten. Deswegen konnten in den ersten Nachkriegsjahren mithilfe der Unterstützung der Stadt nur die Frankfurter Wissenschaftlichen Beiträge erweitert werden.[25] Erst ab 1951 begann sich ein neuer Aufschwung abzuzeichnen: Die Börse erholte sich und mit ihr das in Wertpapieren angelegte Vermögen der Gesellschaft, das fortan ein stetiges Wachstum verzeichnen konnte.[26] Doch reichte es nicht annähernd, um die finanzielle Förderung aufwändigerer Forschungsprojekte, die auf mehrere Jahre angelegt waren bzw. kostspielige Recherchen

22 Vgl. PB 1957–1969: Eintrag vom 9.12.1961, S. 40.

23 Vgl. Schopper (Anm. 9): Nachruf auf Boris Rajewsky. S. 35.

24 Vgl. Aufstellung „Bewegung des Vermögens der Wiss. Gesellschaft seit 1933“. In: AWG, Roter Ordner „Straßburger Wissenschaftliche Gesellschaft. Geschichte. Datenübersicht Mitglieder (alt)“, S. 1–2, hier: S. 1.

25 Die seit 1938 bestehenden, aus einer rechts- und wirtschaftswissenschaftlichen sowie einer kulturwissenschaftlichen Reihe bestehenden „Beiträge“ (eine naturwissenschaftliche Reihe war nach dem Erscheinen des ersten Bandes 1939 wieder eingestellt worden) wurden um eine Neuauflage der Arbeit Wilhelm Gerloffs über „Die Entstehung des Geldes und die Anfänge des Geldwesens“ ergänzt, die 1943 eine zweite Auflage erlebt hatte und nun 1947 in dritter Auflage in Druck ging.

26 Vgl. Anm. 24: Aufstellung „Bewegung des Vermögens der Wiss. Gesellschaft seit 1933“. S. 1.

im Ausland erforderten, zu gewährleisten.[27] Dementsprechend verzeichnet das Protokollbuch keine Vorstandssitzungen oder Mitgliederversammlungen zwischen 1949 und 1953.

Die kriegsbedingte Unterbrechung der Tätigkeit der Wissenschaftlichen Gesellschaft und die vor allem in finanzieller Hinsicht weiterhin spürbaren Nachwirkungen erforderten organisatorischen Weitblick und diplomatisches Geschick beim Verhandeln mit potenziellen Geldgebern. Den Auftakt bildete das 50-jährige Bestehen der Gesellschaft. Aus diesem Anlass wurde am 13. Juli 1956 in der Aula der Universität eine öffentliche Sitzung abgehalten. Nach einer Begrüßung durch den Präsidenten wurde dem Schriftführer Gelzer Gelegenheit gegeben, kurz Rückschau über die Geschichte der Wissenschaftlichen Gesellschaft an der Johann Wolfgang Goethe-Universität Frankfurt am Main zu halten, die unter diesem Namen nun erstmals an die Öffentlichkeit herantrat.[28] In seiner Pressemitteilung betonte Gelzer, dass die großzügige Stiftung des Straßburger Verlegers Trübner von 1909, durch die es der Gesellschaft einst möglich geworden war, eigenes Kapital zu akkumulieren,[29] zur damaligen Zeit keineswegs eine Ausnahme dargestellt habe, wie die etwa gleichzeitige Gründung der Heidelberger Akademie der Wissenschaften und der Freiburger Wissenschaftlichen Gesellschaft belegten. Zur „Förderung der freien wissenschaftlichen Forschungsarbeit“, wie sie in § 1 der Gesellschaftssatzung in der Pflege aller Wissenschaften zum Ausdruck komme, sei der derzeitige Vermögensstand jedoch, was nicht verschwiegen werden könne, noch unzureichend.[30]

Die Erweiterung der Aufgaben der Wissenschaftlichen Gesellschaft durch Gründung einer Akademie erschien als ein Weg, die wissenschaftliche Tätigkeit auszuweiten und eine finanzielle Konsolidierung zu erreichen. Der Gedanke einer Akademiegründung reicht bis in die Zeit der Straßburger Wissenschaftlichen Gesellschaft zurück und wurde in Frankfurt immer wieder diskutiert. Dieses Ziel wurde zwar nie erreicht. Dennoch war und ist die Wissenschaftliche Gesellschaft ein Hort, in dem über die Fächergrenzen hinweg an der Lösung von Einzelproblemen gearbeitet wird, in dem Allgemeinbildung, die aller Wissenschaft unterliegt, befördert wird, weit voneinander entfernte Wissenschaftsgebiete miteinander kommunizieren und sich gegenseitig inspirieren. Die Publikationen der Gesellschaft geben davon Zeugnis. Im Gegensatz zu anderen

27 In seiner Pressemitteilung hatte Gelzer auf die durch Eduard Schwartz erstellte kritische Edition der ersten ökumenischen Konzilien, die „Acta Conciliorum Oecumenicorum“, als Beispiel für die durch die Gesellschaft ermöglichte, bedeutende Forschungsarbeit hingewiesen. Die Fortführung dieser Edition wurde 1923 auch von Papst Pius XI. mit 8.000 Lire unterstützt.

28 Vgl. PB 1909–1956: Eintrag vom 13.7.1956, S. 284.

29 An dieser Stelle darf auch die bedeutende Zuwendung der vormals in Straßburg ansässigen Firma Adler & Oppenheimer von 1921 über 300.000 Mark nicht unerwähnt bleiben, obgleich sie in der Folge der steigenden Inflation anheimfiel.

30 Gelzer, Matthias: Pressemitteilung zum 50. Geburtstag der Wissenschaftlichen Gesellschaft 1956. In: AWG, Blauer Ordner „Jahresberichte 1962–1983“, S. 1–3, hier: S. 1.

Bundesländern besitzt das Land Hessen bis heute keine eigene Akademie der Wissenschaften.

Rajewsky hatte mit forciertem Elan den von Schwietering bereits 1949 vorgetragenen Gedanken wieder aufgegriffen, die Gesellschaft zu einer Hessischen Akademie der Wissenschaften[31] auszubauen. Dazu mussten zunächst vor allem weitere Mitglieder für die Gesellschaft gewonnen werden. Vorschläge, die auf einer Vorstandssitzung im Mai 1954 gemacht wurden, reichten von Helmut Coing über Franz Böhm, Bernhard de Rudder, Marianus Czerny, Otto Vossler, Max Horkheimer, Friedrich Hund, Fritz Neumark, Hellmut Ritter und Friedrich Dessauer. Sie alle wurden auf einer Mitgliederversammlung im Mai 1955 durch Zuruf hinzugewählt.[32]

In Coing hatte Rajewsky hinsichtlich der Akademiefrage einen Verbündeten gefunden, der ebenfalls befürwortete, die Gesellschaft zu einem „wissenschaftlichen Centrum an der Universität" zu gestalten, was Gelegenheit zu wissenschaftlichen Gesprächen und akademischem Austausch bieten würde.[33] Interessanterweise wurde die kontinuierliche Erweiterung des Mitgliederkreises, wenngleich für eine Akademiegründung erforderlich, auch zunehmend als Bedrohung für den akademischen Charakter der Gesellschaft betrachtet.[34] Daher legte man die Höchstzahl an Mitgliedern auf 40 fest.[35] Später wurde dieser Beschluss dergestalt angepasst, nach weit auswärts verzogene Mitglieder nicht zu diesen festgesetzten 40 zu zählen.[36]

Ausgewählte Kurzporträts 1955 zugewählter Mitglieder

Helmut Coing (1912–2000), nach dem heute ein Weg auf dem Campus Westend benannt ist, verschwindet als Person beinahe hinter der Vielzahl höchster Ämter, die er trug: Der Rechtshistoriker und -philosoph, der sich als Akademiker vor allem um die Erforschung der europäischen Rechtsgeschichte als einer aus römischem Recht erwachsenen Einheit des Rechtsdenkens bemühte, war als Bürger wesentlich am Wiederaufbau und der Profilierung der Rechtskultur der Bundesrepublik nach dem Zweiten Weltkrieg beteiligt. Coing war Rektor der Universität Frankfurt (1955/56 und 1956/57), aber auch Gründer des Max-

31 Vgl. PB 1909–1956: Eintrag vom 18.5.1949, S. 270.

32 Vgl. ebd.: Eintrag vom 14.5.1955, S. 276.

33 Ebd.: Eintrag vom 22.12.1955, S. 279.

34 Diese Furcht vor Verwässerung des akademischen Charakters muss vor dem Hintergrund betrachtet werden, dass die Wissenschaftliche Gesellschaft nach der Übersiedlung nach Heidelberg alle ehemaligen Straßburger Dozenten und Assistenten sowie eine Reihe von altdeutschen Elsässern aufgenommen hatte und damit zu Beginn der 1930er Jahre über eine unverhältnismäßig hohe Zahl von geschätzt 174 Mitgliedern verfügt hatte. Vgl. Herde (Anm. 2): 75 Jahre Wissenschaftliche Gesellschaft. S. 44.

35 Vgl. PB 1909–1956: Eintrag vom 5.3.1956, S. 282.

36 Vgl. PB 1957–1969: Eintrag vom 31.5.1960, S. 22.

Planck-Instituts für europäische Rechtsgeschichte, Vorsitzender des Wissenschaftsrats und nicht zuletzt Mitglied und Kanzler des Ordens *Pour le Mérite* für Wissenschaften und Künste. Doch würde man ihm nicht gerecht, betrachtete man ihn in seinem Forschen nicht als den Europäer, der sich gerade in seinen zahllosen internationalen Würdigungen widerspiegelt.[37]

Auch nach dem Ökonomen Fritz Neumark (1900–1991) benannte man einen Weg auf dem Campus Westend. Fritz Neumark wurde schon mit 21 Jahren über das damals noch kaum erforschte Phänomen der Inflation promoviert, ein Thema, das ihn Zeit seines Lebens beschäftigen sollte. Er war von seinem Lehrer und Förderer Wilhelm Gerloff, ebenfalls Mitglied der Wissenschaftlichen Gesellschaft, 1925 an die Universität Frankfurt geholt worden. Wie die anderen jüdischen Kollegen musste er 1933 die Goethe-Universität verlassen. Über sein türkisches Exil berichtete er später in seinem autobiographischen Buch „Zuflucht am Bosporus". Nach fast 20 Jahren kehrte er Anfang der 1950er Jahre wieder nach Frankfurt zurück, um auf den Lehrstuhl des nach seiner erzwungenen Pensionierung kurzzeitig reaktivierten Gerloff nachzufolgen. Von 1954 bis 1955 und von 1961 bis 1962 hatte Neumark das Amt des Rektors inne. Seine zahlreichen, internationalen Verbindungen, seine Integrität und die Reputation seiner Forschungen machten ihn zu einem der bekanntesten Vertreter der deutschen Nationalökonomie und zum renommiertesten Vertreter seiner Spezialdisziplin, der Finanzwissenschaft; ein Sachverständiger, dessen Rat in politischen Kreisen überaus begehrt und geschätzt war. Sein wissenschaftliches Werk widmete sich vor allem der Besteuerungs- und der Haushaltspolitik.[38]

Franz Böhm (1895–1977) als Mitbegründer der Freiburger Schule, die in den frühen 1930er Jahren das System einer staatlich gesicherten freien Marktwirtschaft wissenschaftlich neu begründete, hatte 1924 das Jurastudium abgeschlossen, sich danach zunächst vom Dienst in der Justiz als Staatsanwalt beurlauben lassen, um einen Posten als Referent in der Kartellabteilung des Reichswirtschaftsministeriums anzunehmen. Die dort gesammelten praktischen Erfahrungen nutzte er 1932 wieder in Freiburg für seine Promotion und ein Jahr später für die Habilitation mit einer Arbeit unter dem Titel Wettbewerb und Monopolkampf, der Böhms lebenslanges und zentrales wirtschaftswissenschaftliches Interesse widerspiegelte. Wegen seiner kritischen Einstellung konnte er während der NS-Zeit keinen Lehrstuhl in Freiburg bekommen. Daher lehrte er zunächst in Jena, um dann 1945 doch nach Freiburg, und – nach kurzem Zwischenspiel als hessischer Kultusminister – schon 1946 wiederum an die Universität Frank-

37 Vgl. Stolleis, Michael: Nachruf auf Helmut Coing. In: Sitzungsberichte der Wissenschaftlichen Gesellschaft an der Johann Wolfgang Goethe-Universität Frankfurt am Main Bd. XLVI, Nr. 1. Stuttgart 2008, S. 19–20.

38 Vgl. Häuser, Karl: Nachruf auf Fritz Neumark. In: Sitzungsberichte der Wissenschaftlichen Gesellschaft an der Johann Wolfgang Goethe-Universität Frankfurt am Main Bd. XXVIII, Nr. 6. Stuttgart 1992, S. 71–75. Siehe auch Grossekettler, Heinz: Fritz Neumark. Finanzwissenschaftler und Politikberater (= Gründer, Gönner und Gelehrte 5). Frankfurt a. M. 2013.

furt berufen zu werden, deren Rektor er von 1948 bis 1949 war. Böhm war 1952 Leiter der deutschen Delegation für die Wiedergutmachungsverhandlungen mit Israel und saß von 1953 bis 1965 für die CDU im Bundestag. Seine Forschungsarbeit setzte sich vorwiegend mit Fragen der Kartellgesetzgebung, der Gewerbefreiheit und des Mitbestimmungsrechts auseinander.[39]

Friedrich Hund (1896–1997) beendete sein Studium der Physik in Göttingen 1922 mit einer Dissertation auf dem Gebiet der Quantentheorie, genauer, über den Ramsauer-Effekt, bevor er – ebenfalls in Göttingen – zunächst Privatdozent und dann 1927 außerordentlicher bzw. 1928 ordentlicher Professor für Theoretische Physik in Rostock wurde. Schon im Jahr darauf folgte er seinem Lehrer Werner Heisenberg nach Leipzig, wo er bis 1946 blieb. Nach einigen Jahren in Jena wechselte er 1951 an die Universität Frankfurt, war dann aber von 1957 bis zu seiner Emeritierung 1964 wiederum in Göttingen tätig. Seine wissenschaftlichen Bemühungen galten „den Spektren der Atome und Molekeln, allgemeinen Fragen der Quantentheorie, dem Bau der Kristalle und den Elektronen in festen Körpern", während er sich in späteren Jahren der Geschichte der Physik zuwandte. Geprägt war er vor allem durch die Göttinger Zeit, durch den „lebendigen Kreis um Hilbert, Franck, Born und Heisenberg", dem er sehr viel verdankte wie auch seiner „kurzen Lehrzeit" bei Niels Bohr in Kopenhagen. Zwei Jahre lang, von 1955 bis 1957, war er im Vorstand der Wissenschaftlichen Gesellschaft. Seit 1967 bis zu seinem Tod gehörte er ihr als korrespondierendes Mitglied an.[40] Seine atomphysikalischen Forschungen („Hundsche Regeln", „Tunneleffekt") brachten ihm zahlreiche Ehrungen wie die Max-Planck-Medaille, die Cothenius-Medaille der Leopoldina, deren Mitglied er war, den Otto-Hahn-Preis für Chemie und Physik und kürzlich die Benennung der Friedrich-Hund-Straße auf dem Campus Riedberg in Frankfurt (2020) ein, wie zuvor schon die Friedrich-Hund-Straße in Jena und der Friedrich-Hund-Platz in Göttingen seinen Namen erhalten hatten.

Der Experimentalphyiker Marianus Czerny (1896–1985) nahm sein Physikstudium nach dem Ersten Weltkrieg zunächst in Freiburg auf, setzte es dann aber in Berlin fort, wo er 1923 über Infrarotphysik (Über eine neue Form der Rubensschen Reststrahlmethode) promoviert wurde. In den 1920er Jahren erlebte er als Assistent bzw. Dozent mit Albert Einstein, Max Planck, mit denen er in seiner Freizeit am Cello sitzend musizierte, sowie Max von Laue und Walther Nernst die „große Zeit der Berliner Physik".[41] 1927 folgte die Habilitation. Inzwischen zum außerordentlichen Berliner Professor aufgestiegen, wurde

39 Vgl. Preiser, Wolfgang: Nachruf auf Franz Böhm. In: Sitzungsberichte der Wissenschaftlichen Gesellschaft an der Johann Wolfgang Goethe-Universität Frankfurt am Main Bd. XVII, Nr. 2. Wiesbaden 1980, S. 31–34.

40 Thomas, Werner: JB 1997, S. 3.

41 Vgl. Schopper, Erwin: Nachruf auf Marianus Czerny. In: Sitzungsberichte der Wissenschaftlichen Gesellschaft an der Johann Wolfgang Goethe-Universität Frankfurt am Main Bd. 28, Nr. 6. Stuttgart 1992, S. 5–8, hier: S. 6.

Czerny 1937 auf den Lehrstuhl für Experimentalphysik nach Frankfurt berufen, den er bis zu seiner Emeritierung 1961 innehatte. Czerny war Zeit seines Lebens ein begeisterter Experimentator. Am Frankfurter Institut, wo man bislang nur optische Spektroskopie betrieben hatte, führte er auf eigene Kosten die Infrarotspektroskopie ein und konnte 1949 durch Untersuchungen der Rotgrenze der Augenempfindlichkeit zeigen, dass es sich bei der Unempfindlichkeit gegen Infrarot um eine Anpassung des Sehsystems gegen die Wärmestrahlung des eigenen Bluts handelt. Auch über seine Emeritierung hinaus war er noch bis 1976 täglich im Anfängerpraktikum tätig, wo er erklärte, beriet und half, was durch das vorbildliche Verhältnis zwischen ihm und seinem Nachfolger Werner Martienssen möglich war.[42]

Der Neuzeithistoriker Otto Vossler (1902–1987) – als Sohn des Romanisten Karl Vossler und der italienischen Gräfin Gnoli zweisprachig aufgewachsen – schloss das Geschichtsstudium an der Ludwig-Maximilians-Universität München bei Hermann Oncken und Erich Marcks 1926[43] mit der Promotion über Giuseppe Mazzinis politisches Denken in den geistigen Strömungen seiner Zeit ab. Mit der Philosophie und Politik dieses revolutionären Vorkämpfers der italienischen nationalen Einheitsbewegung hatte er ein generelles Thema gefunden. Nach einem zweijährigen Stipendium der Rockefeller-Stiftung in den Vereinigten Staaten habilitierte er sich 1929 in Berlin mit einer Arbeit über die Revolutionsideale Thomas Jeffersons im Vergleich zu den zeitgenössischen europäischen Debatten, die Vossler bereits kannte. Es folgte die außerordentliche Professur für westeuropäische und amerikanische Geschichte in Leipzig, wo er 1938 schließlich ordentlicher Professor für Neuere Geschichte wurde. 1946 rief ihn die Universität Frankfurt, an der er bis zu seiner Emeritierung 1967 über die revolutionären Bewegungen des 18. und 19. Jahrhunderts sowie Rousseau, Tocqueville und die Entwicklung des Nationalgedankens forschte.[44]

Mit der Zuwahl des aus der erzwungenen Emigration in die USA zurückgekehrten Max Horkheimer (1895–1973) war in der Wissenschaftlichen Gesellschaft fortan auch die maßgeblich durch ihn und Theodor W. Adorno geprägte, marxistisch-kapitalismuskritische Frankfurter Schule vertreten. Als Horkheimers Lebenswerk kann das Frankfurter Institut für Sozialforschung gelten, das er seit 1931 bis zu dessen Schließung durch die Nationalsozialisten leitete und nach dem Krieg erneut zum geistigen Zentrum der Kritischen Theorie aufbaute.

42 Vgl. ebd., S. 5–8.

43 Vgl. Muhlack, Ulrich: Otto Vossler 14.2.1902–26.12.1987. In: Historische Zeitschrift 247 (1988) Heft 1, S. 214–216, hier: S. 214.

44 Vgl. Lammers, Walther: Nachruf auf Otto Vossler. In: Sitzungsberichte der Wissenschaftlichen Gesellschaft an der Johann Wolfgang Goethe-Universität Frankfurt am Main Bd. XXVIII, Nr. 6. Stuttgart 1992, S. 23–29.

1951 und 1952 war er Rektor der Universität.[45] Wie nahe Horkheimer der tendenziell konservativen Wissenschaftlichen Gesellschaft[46] letzten Endes tatsächlich stand, lässt sich nur schwer sagen. In den zehn Jahren seiner ordentlichen Mitgliedschaft hielt er nur einen Vortrag, Sitzungen besuchte er nur gelegentlich, weshalb er – wie übrigens auch der Botaniker Friedrich Laibach – seit dem Sommer 1967 als korrespondierendes Mitglied[47] geführt wurde.[48]

Weitere Mitglieder wie Karl Wezler, Paul Royen, Paul Kirn, Herbert O'Daniel, Hermann Strasburger, Wilhelm Claß, Gottfried Weber, Hans Möller, Heinz Sauermann, Wolfgang Preiser und Adalbert Erler wurden in den Fünfzigerjahren hinzugewählt und erweiterten das für eine Akademiegründung erforderliche wissenschaftliche Oeuvre.[49]

Paul Royen (1904–1979) hatte sein Studium der Chemie 1926 bei dem Anorganiker Robert Schwarz an der Universität Frankfurt begonnen und 1930 mit einer Dissertation „Über den Einfluss elektrischer Entladungen auf Schwefeldampf und Wasserstoff" abgeschlossen. Im Juli 1936 habilitierte er sich mit einer Arbeit „Über die Konstitution des sogenannten festen Phosphorwasserstoffs", woraufhin ihm im Jahr darauf eine Lehrstelle angeboten wurde. Aufgrund der für Royen inzwischen unerträglich gewordenen politisierten Verhältnisse an der Universität gab er diese nach einem Jahr auf, ging in die freie Wirtschaft und nahm eine Stellung bei der zum Konzern Metallgesellschaft gehörenden Lurgi-Gesellschaft für Wärmetechnik an. Dort beschäftigte er sich fortan – bis 1951 führend – mit der Erforschung und Entwicklung der Benzinsynthese aus Kohlenstoffmonoxid und Wasserstoff. Nach dem Krieg, als es an der Naturwissenschaftlichen Fakultät der Goethe-Universität Schwierigkeiten mit der anorganischen Chemie gab, erklärte sich Royen auf Bitten des Universitätsrektors Rajewsky und des Dekans Wolfgang Franz dazu bereit, die Leitung des anorganisch-chemischen Instituts kommissarisch zu übernehmen; 1955 wurde er dort außerordentlicher, 1959 ordentlicher Professor. Bis zu seiner Emeritierung 1970 arbeitete er mit Assistenten und Doktoranden über Probleme aus dem Bereich der heterogenen Katalyse, Festkörperforschung und Elektronenmikroskopie von Kristalloberflächen.[50]

45 Vgl. Rüegg, Walter: Zum Tode Max Horkheimers. In: Sitzungsberichte der Wissenschaftlichen Gesellschaft an der Johann Wolfgang Goethe-Universität Frankfurt am Main Bd. XII, Nr. 4. Wiesbaden 1975, S. 19–24. Siehe auch Wiggershaus, Rolf: Max Horkheimer. Begründer der ‚Frankfurter Schule' (= Gründer, Gönner und Gelehrte 11). Frankfurt a. M. 2014.

46 Gespräch mit Michael Stolleis am 15.7.2019 in den Räumen der Wissenschaftlichen Gesellschaft.

47 Die korrespondierende Mitgliedschaft hatte man Mitte der 1960er Jahre in die Satzung aufgenommen. Vgl. Rajewsky, Boris: JB 1962, S. 2; JB 1967, S. 1.

48 Vgl. PB 1957–1969: Eintrag vom 1.6.1967, S. 154.

49 Vgl. PB 1909–1956: Eintrag vom 5.3.1956, S. 281.

50 Vgl. Hartmann, Hermann: Nachruf auf Paul Royen. In: Sitzungsberichte der Wissenschaftlichen Gesellschaft an der Johann Wolfgang Goethe-Universität Frankfurt am Main Bd. XVII, Nr. 2. Wiesbaden 1980, S. 45–46.

Der spätere Präsident Herbert O'Daniel (1903–1977) hatte in Clausthal Geologie und in Heidelberg Mineralogie studiert. Mit einer Arbeit über „Ein neues Tarnowitzitvorkommen von Tsumab (Otavi) und die Frage der wechselseitigen isomorphen Vertretung von Ca/Pb" wurde er 1930 promoviert. Nach der Habilitation für Mineralogie in München 1935 wurde er 1938 zum Abteilungsleiter am Kaiser-Wilhelm-Institut für Silikatforschung in Berlin-Dahlem berufen. 1947 übernahm er das Ordinariat für Mineralogie an der Naturwissenschaftlichen Fakultät der Universität Frankfurt, wo er für mehr als 20 Jahre wirkte. Mithilfe von Röntgen- und Neutronenstrahlung untersuchte er Kristallstrukturen, war darüber hinaus jedoch auch versiert in der Kristallchemie, der Petrologie und auf weiteren angrenzenden Forschungsgebieten. Von 1948 bis 1950 hatte er den Vorsitz der Deutschen Mineralogischen Gesellschaft inne und war seit 1945 bis zu seinem Tod Herausgeber des Zentralblatts für Mineralogie sowie seit 1947 Mitherausgeber des Neuen Jahrbuchs für Mineralogie. Dazu kam seine langjährige Tätigkeit als Bausenator der Universität. Für den Wiederaufbau der Universität nach dem Krieg wurde ihm die Medaille der Naturwissenschaftlichen Fakultät der Goethe-Universität verliehen.[51]

Hermann Strasburger (1909–1985) hatte von 1927 bis 1931 in Frankfurt (bei Matthias Gelzer), aber auch in Innsbruck und München vorwiegend Alte Geschichte und Klassische Philologie studiert und das Studium 1931 mit einer Dissertation über „Ciceros Concordia ordinum-Politik als Consul ab 63 v. Chr." abgeschlossen. Zum Sommersemester 1932 ging er mit einem Lehrauftrag an die Universität Freiburg, damals eine Hochburg der Klassischen Philologie. Durch seinen Lehrer Gelzer geprägt, stellte Strasburger in seiner Forschung die Quellenlektüre allem voran. Erst aus ihr ergaben sich für ihn die relevanten Fragen. Nach der Machtergreifung blockierten die Nürnberger Gesetze Strasburgers akademische Laufbahn, da seine Großmutter väterlicherseits jüdischer Abstammung war. Bereits 1934 wurde der Lehrauftrag in Freiburg nicht mehr verlängert, die Habilitation stand in Frage. Fortan arbeitete er privat wissenschaftlich in Frankfurt und München weiter. 1940 eingezogen, wurde er im Krieg lebensgefährlich verwundet. Mit der 1938 veröffentlichten Schrift „Caesars Eintritt in die Geschichte" konnte sich Strasburger im Jahr 1946 in Heidelberg habilitieren. Zwei Jahre später ließ er sich jedoch nach seiner Wahlheimat Frankfurt umhabilitieren und wurde dort 1949 zum außerordentlichen Professor ernannt. 1955 folgte er Gelzer nach dessen Emeritierung auf den Frankfurter Lehrstuhl für Alte Geschichte. Strasburger brach mit der seit Mommsen in Deutschland geläufigen Caesar-Idealisierung und stieß in den 1950er Jahren eine sehr kritische Auseinandersetzung mit dem römischen Machtpolitiker Caesar an, die weithin Beachtung fand. Später wandte er sich von der politischen Geschichte

51 Vgl. Hartmann, Hermann: Nachruf auf Herbert O'Daniel. In: Sitzungsberichte der Wissenschaftlichen Gesellschaft an der Johann Wolfgang Goethe-Universität Frankfurt am Main Bd. XVII, Nr. 2. Stuttgart 1980, S. 21–24.

der ausgehenden Republik der griechischen Geschichtsschreibung und Geistesgeschichte zu.[52]

Der Ökonom Hans Möller (1915–1996) schloss sein 1933 in Berlin begonnenes Studium der Volkswirtschaftslehre 1936 mit dem Diplom-Examen für Volkswirte ab. 1938 bzw. 1941 folgten Dissertation und Habilitation – beide preistheoretischen Inhalts und beide Referenzwerke, die in Lehrbüchern und einschlägigen Monographien noch über zwei Jahrzehnte hinaus zitiert und im Falle der Habilitationsschrift sogar 1962 noch nachgedruckt wurden. Möller wirkte als Experte für Geldpolitik nach dem Krieg bei der von den Amerikanern veranlassten siebenwöchigen Klausur, dem äußerst geheim gehaltenen Konklave von Rothwesten mit, auf dem die Währungsreform von 1948 und die Einführung der D-Mark ausgearbeitet wurden. Später hat er als letzter Zeuge diese Ereignisse in umfangreichen Berichten dargestellt und kommentiert. Ab 1949 wirkte Möller außerdem in Paris bei der für den Marshallplan geschaffenen OECD und war ab 1952 stellvertretendes Mitglied des Direktoriums der Europäischen Zahlungsunion, bevor er sich für den Wiedereintritt in die akademische Welt entschied. 1954 wurde er Professor für Volkswirtschaftslehre an der Goethe-Universität, später wechselte er nach München. Für die Wirtschaft blieb er jedoch ein vielgefragter Ratgeber und Gutachter. So war er Initiator und bis zu seinem Tod Mitglied des Wissenschaftlichen Beirats beim Bundeswirtschaftsministerium, einem Gremium, dem er von 1970 bis 1977 auch vorstand.[53]

Heinz Sauermann (1905–1981) hatte zunächst an der Universität Freiburg Musik studiert, dann aber in Wien zu Soziologie, Rechtswissenschaft und Nationalökonomie gewechselt. 1927 wurde seine Dissertation mit dem Titel „Kunst und Mode" von dem bedeutenden Rechtsgelehrten Hans Kelsen als promotionswürdige Leistung begutachtet. Sauermann ging einige Zeit an die Pariser Sorbonne, später aber an die Universität Berlin, wo er von 1929 bis 1932 als Assistent am von Karl Dunkmann geleiteten Institut für Angewandte Soziologie arbeitete. Von Dunkmann übernahm Sauermann 1933 die Leitung des Instituts, doch angesichts der Verfemung der Soziologie im Dritten Reich als „jüdische Wissenschaft" zeichnete sich dessen Schließung 1935 schon zeitig ab. Zwei Jahre später folgte die Habilitation über „Die Gestalt des Unternehmers", im Jahr darauf die Aufnahme einer Lehrtätigkeit an der Wirtschafts- und Sozialwissenschaftlichen Fakultät der Universität Frankfurt. Doch auch in Frankfurt durfte die Soziologie in den 1930er Jahren nicht auf dem Lehrplan stehen, weshalb sich Sauermann der Wirtschaftswissenschaft zuwenden und volkswirtschaftliche Vorlesungen halten musste. Im Laufe des Kriegs – er war nur kurz eingezogen

52 Vgl. Bleicken, Jochen: Nachruf auf Hermann Strasburger. In: Sitzungsberichte der Wissenschaftlichen Gesellschaft an der Johann Wolfgang Goethe-Universität Frankfurt am Main Bd. XXIII, Nr. 2. Stuttgart 1987, S. 45–52.

53 Vgl. Häuser, Karl: Nachruf auf Hans Möller. In: Sitzungsberichte der Wissenschaftlichen Gesellschaft an der Johann Wolfgang Goethe-Universität Frankfurt am Main Bd. XXXVI, Nr. 6. Stuttgart 1999, S. 59–63.

– lehrte er als Vertretung an verschiedenen Universitäten und wurde 1946, als die Goethe-Universität wiedereröffnet wurde, dort Ordinarius für Wirtschaftliche Staatswissenschaften. Sauermann kann als Erfinder der experimentellen Wirtschaftsforschung gelten, die heute auf der ganzen Welt gepflegt wird. Wie Hans Möller wurde auch Sauermann als einer von wenigen deutschen Sachverständigen von den Amerikanern hinsichtlich der Währungsreform konsultiert und wie auch Möller war er von Anfang an Mitglied des Wissenschaftlichen Beirats des Bundesministeriums für Wirtschaft, daneben mit Franz Böhm aber auch einer der Herausgeber der 1844 gegründeten und damit ältesten deutschen wirtschaftswissenschaftlichen Zeitschrift für die gesamte Staatswissenschaft.[54]

Wolfgang Preiser (1903–1997) schloss nach dem Ersten Weltkrieg zunächst eine Banklehre ab und arbeitete vier Jahre in der Branche, während er parallel dazu in München und Frankfurt am Main Jura studierte. Eigentlich gewillt, sich auf das Strafrecht zu spezialisieren, starben jedoch plötzlich und unerwartet sowohl der Münchner Strafrechtler Ernst Beling als auch dessen Frankfurter Kollege Berthold Freudenthal, sodass Preiser – wohl mehr aus einer Art Verlegenheit heraus – eine handelsrechtliche Doktorarbeit verfasste. In den 1930er Jahren studierte Preiser neben seiner Arbeit als Richter Kunstgeschichte und wurde während des Kriegs auch in diesem Fach promoviert, bevor man ihn als Mitglied eines deutschen Gerichts in die Niederlande schickte. Einem holländischen Weißbuch zufolge hat er dort subversiv gewirkt, was rühmend hervorgehoben wurde: Mit seinen Kollegen einigte Preiser sich darauf, auf raffiniert-gekonnte Weise Akten hin- und herzuschieben, Verurteilungen hinauszuzögern, manchmal aber auch Verurteilungen zu favorisieren (teils gegen den Widerstand der Verteidiger), weil nur so verhindert werden konnte, dass der Verurteilte sofort nach einer vielleicht zu milden Strafe ins Konzentrationslager gebracht wurde. Nach dem Krieg habilitierte er sich in Frankfurt für die Fächer Straf- und Völkerrecht, wurde 1948 außerordentlicher Professor und gründete im Jahre 1954 als Frankfurter Ordinarius das Institut für die Geschichte des Völkerrechts, dessen Direktor er bis zu seiner Emeritierung 1971 blieb.[55]

Adalbert Erler (1904–1992) war Rechtshistoriker und Kirchenrechtler. Nach dem Abitur in Berlin und Studium in Heidelberg wurde er 1929 in Greifswald mit einer Dissertation zum Thema „Die rechtliche Stellung der evangelischen Kirche" in Danzig promoviert. Er ging zunächst in die Finanzverwaltung und leitete zuletzt das Finanzamt in Hanau. Von da aus habilitierte er sich 1939 an der Universität Frankfurt mit einer Arbeit über „Bürgerrecht und Steuerpflicht im mittelalterlichen Städtewesen. Mit besonderer Untersuchung des Steuerei-

54 Vgl. ders.: Nachruf auf Heinz Sauermann. In: Sitzungsberichte der Wissenschaftlichen Gesellschaft an der Johann Wolfgang Goethe-Universität Frankfurt am Main Bd. XXIII, Nr. 2. Stuttgart 1987, S. 11–14.

55 Vgl. Lüderssen, Klaus: Nachruf auf Wolfgang Preiser. In: Sitzungsberichte der Wissenschaftlichen Gesellschaft an der Johann Wolfgang Goethe-Universität Frankfurt am Main Bd. XLVI, Nr. 1. Stuttgart 2008, S. 5–9.

des", die zu einem Standardwerk werden sollte. Nach einer Dozentenzeit in Frankfurt wechselte er 1941 auf ein Extraordinariat am Institut für Rechtsgeschichte nach Straßburg. Mit Gründung der Universität Mainz durch die französische Besatzungsmacht wurde er 1946 nach Mainz berufen und zum Prorektor bestellt. Zum Wintersemester 1950/51 ging er nach Frankfurt, wo er bis zur Emeritierung 1972 deutsche Rechtsgeschichte und Kirchenrecht las. Erler erhielt zahlreiche Auszeichnungen wie den Brüder-Grimm-Preis der Philipps-Universität Marburg (1979), das Bundesverdienstkreuz (1985) oder die Ernennung zum Ehrenbürger von Ingelheim (1985). Dort hatte er gewohnt und die Rechtsquellen zum Ingelheimer Oberhof entdeckt. 1949 veröffentlichte er ein Studienbuch zum Kirchenrecht, das im Jahr 1983 in fünfter Auflage erschien. Für sein Fach besonders bedeutsam war die Begründung und dauerhafte Koordination des „Handwörterbuchs zur deutschen Rechtsgeschichte", das von 1971 bis 1998 in fünf Bänden erschien und das er von Anfang der 1960er Jahre bis kurz vor seinem Tod betreute.[56]

Publikationswesen

Die Publikationen der 1906 gegründeten „Wissenschaftlichen Gesellschaft in Straßburg" wurden als „Schriften der Wissenschaftlichen Gesellschaft in Straßburg" herausgegeben. Auch nach der Ausweisung aus Straßburg und ihrem Interimsaufenthalt in Heidelberg in den 1920er Jahren sowie dem offiziellen Umzug nach Frankfurt am Main im Jahr 1931 behielt die Gesellschaft zunächst ihren Straßburger Namen. Die Publikationen (Schriften) der Straßburger Gesellschaft umfassen den Zeitraum von 1907 bis 1929. Von 1907 bis 1919 wurden die Schriften in Straßburg publiziert, von 1920 bis 1929 in Heidelberg. Nach dem Umzug der Gesellschaft nach Frankfurt am Main entstanden in den Jahren 1930 und 1931 zunächst lediglich drei weitere Schriften. Erst ab 1958 und nach der Umbenennung der Gesellschaft in „Wissenschaftliche Gesellschaft an der Johann Wolfgang Goethe-Universität Frankfurt am Main" wurden weitere Schriften publiziert, zunächst eine Geisteswissenschaftliche Reihe von 1958 bis 1999 und eine Naturwissenschaftliche Reihe, die nur aus einem Band besteht. Anschließend wurden die Schriften der Wissenschaftlichen Gesellschaft in unregelmäßiger Folge von 2000 bis 2014 fortgeführt, allerdings ohne die frühere inhaltliche Unterteilung. Daneben steht eine Einzelveröffentlichung aus dem Jahr 1981, die Festschrift zum 75-jährigen Bestehen der Wissenschaftlichen Gesellschaft, die auch den ersten Abriss ihrer Geschichte enthält. Im Jahr 1962 wurde eine neue Reihe aufgelegt, die „Sitzungsberichte der Wissenschaftlichen

56 Stolleis, Michael: Erler, Adalbert. In: Frankfurter Personenlexikon (Onlineausgabe). URL: https://frankfurter-personenlexikon.de/node/6414 zuletzt geändert am 5.5.2017, abgerufen am 26.5.2022.

Gesellschaft an der Johann Wolfgang Goethe-Universität Frankfurt am Main". Sie wird bis heute fortgeführt.

Zusätzlich zu den bereits genannten Publikationsreihen konnte die Wissenschaftliche Gesellschaft mit Unterstützung der Stadt Frankfurt schon ab 1939 eigene umfangreiche Bände herausgeben, die Frankfurter Wissenschaftlichen Beiträge. Diese wurden zunächst unter dem Namen der „Straßburger Wissenschaftlichen Gesellschaft an der Johann Wolfgang Goethe-Universität Frankfurt am Main" und dann der „Wissenschaftlichen Gesellschaft an der Johann Wolfgang Goethe-Universität Frankfurt am Main" in loser Abfolge und unterbrochen durch die Kriegs- und Nachkriegsereignisse publiziert: eine Rechts- und Wirtschaftswissenschaftliche Reihe (1939–1971), eine Naturwissenschaftliche Reihe (bestehend aus einem Band, 1939) und eine Kulturwissenschaftliche Reihe (1940–1992).

Nach dem Krieg blieb die Frage, welche Publikationsvorhaben die Gesellschaft weiter fördern solle, zunächst ungeklärt. Erst im Januar 1957 kam es zu einer Aussprache, ob die Gesellschaft finanziell inzwischen vielleicht nicht doch in der Lage wäre, zukünftig neben den Frankfurter Wissenschaftlichen Beiträgen, die mit Unterstützung der Stadt Frankfurt am Main seit 1939 im Frankfurter Verlag Vittorio Klostermann erschienen, wieder eine eigene Schriftenreihe herauszugeben. Das Gesellschaftsvermögen schien Ende 1956 weit genug angewachsen zu sein.[57] Nichtsdestotrotz ließ Rajewsky diskutieren, ob eine Vereinigung dieser neuen Reihe mit den Frankfurter Wissenschaftlichen Beiträgen sinnvoll, möglich und erwünscht sei. Sein Stellvertreter Schwietering brachte dabei den in Wiesbaden ansässigen Wissenschaftsverlag Franz Steiner ins Gespräch. Letztendlich wurde beschlossen, künftig eine eigene Schriftenreihe mit zwei Klassen, einer philologisch-historischen und einer naturwissenschaftlichen, herauszugeben. Freilich mussten weitere Mittel zur Finanzierung dieser Reihe aufgetrieben werden, weshalb Rajewsky damit beauftragt wurde, bei Stiftern dafür zu werben. Schwietering und Kassenführer Neumark sollten mit dem Steiner Verlag in Verhandlungen treten und den Vorschlag eines Vertrags für die eventuelle Übernahme der philologisch-historischen Reihe einfordern. Außerdem sollte aus steuerlichen Gründen die Anerkennung der Gemeinnützigkeit der Gesellschaft erwirkt werden.[58]

Ein halbes Jahr später hatten diese Pläne bereits konkretere Formen angenommen: Mit dem Steiner Verlag wurde ein Vertrag über die Schriften der Wissenschaftlichen Gesellschaft an der Johann Wolfgang Goethe-Universität Frankfurt abgeschlossen,[59] die sich langfristig zu einer Reihe sowohl geistes- als auch naturwissenschaftlichen Charakters entwickelte. Mit dem Titel wollten

57 Vgl. Anm. 24: Aufstellung „Bewegung des Vermögens der Wiss. Gesellschaft seit 1933". S. 2.
58 Vgl. PB 1957–1969: Eintrag vom 30.1.1957, S. 2.
59 Vgl. ebd.: Eintrag vom 11.7.1957, S. 6f.

die Herausgeber an die Publikationen aus Straßburger und Heidelberger Tagen anknüpfen.[60]

Weiterhin wurde die Drucklegung der Vorträge der Gesellschaft als eigene Reihe beschlossen, namentlich als Sitzungsberichte der Wissenschaftlichen Gesellschaft. Sie sollten, wie der spätere Präsident, der Kristallograph Herbert O'Daniel, es ausdrückte, „öffentlich Rechenschaft von unserer Arbeit" geben, also der Legitimation und der Repräsentation der Gesellschaft nach außen hin dienen, die zum damaligen Zeitpunkt einer breiteren Öffentlichkeit immer noch kaum bekannt war.[61] Rajewsky stellte vor den versammelten Mitgliedern am 7. Juli 1962 deren äußere Gestaltung anhand eines Probedrucks von Heft 1, einer 15-seitigen Schrift Marianus Czernys über den Physiker als Beobachter und Gestalter von Naturerscheinungen, zur Diskussion.[62]

Im Sommer 1963 war es zu Unstimmigkeiten im Verhältnis der Wissenschaftlichen Gesellschaft zu den Verlagen Vittorio Klostermann (Frankfurt am Main) und Franz Steiner (Wiesbaden) gekommen. In einer Aussprache des Vorstands kam zutage, dass ersterer seine Unzufriedenheit über das Abwandern der Gesellschaft mit den Schriften und den Sitzungsberichten zum Steiner Verlag kundgetan habe und letzterer aufgrund seiner geringen Größe nur unzureichende Werbung für die Publikationen der Gesellschaft mache, deren Verkauf dadurch entsprechend gering ausfalle.[63] Überlegungen, den Vertrag mit Steiner wieder zu kündigen und den Verlag zu wechseln, führten auch noch eineinhalb Jahre später zu lebhaften Diskussionen, da die Tätigkeit des Verlags nach wie vor als „ungenügend" erachtet wurde.[64] Kurz vor Weihnachten 1965 sprachen sich Präsident Rajewsky und Schriftführer O'Daniel mit Vertretern des Steiner Verlags über die Frage des Korrekturlesens, des Absatzes der Sitzungsberichte und der Werbung, der Reduzierung der Druckkosten sowie der Drucklegung von Sonderheften der Sitzungsberichte mit „Kurzen Original-Mitteilungen" von Mitgliedern aus.[65] Bis Ende des Jahres 1967 verbesserte sich daraufhin der Absatz der Sitzungsberichte soweit, dass stellenweise über eine zweite Auflage nachgedacht werden musste.[66]

60 So hatte die Gesellschaft in den Jahren 1907 bis 1919 die Schriften der Wissenschaftlichen Gesellschaft in Straßburg (37 Hefte) und von 1920 bis 1929 die Schriften der Wissenschaftlichen Gesellschaft in Heidelberg (10 Hefte) herausgegeben, die dann bis zu ihrer Einstellung 1931 noch die Ortsangabe Frankfurt am Main (3 Hefte) enthielten.

61 O'Daniel, Herbert: JB 1973, S. 5.

62 Vgl. PB 1957–1969: Eintrag vom 7.7.1962, S. 44.

63 Vgl. ebd.: Eintrag vom 30.7.1963, S. 62.

64 Ebd.: Eintrag vom 4.12.1965, S. 111f.

65 Ebd.: Eintrag vom 20.1.1966, S. 119.

66 Vgl. ebd.: Eintrag vom 22.11.1967, S. 161.

Finanzielle Situation und weitere Versuche einer Akademiegründung

Da sich das Vermögen der Gesellschaft bis Ende 1960 beinahe verdreifacht hatte,[67] kann die finanzielle Lage zu Beginn der 1960er Jahre endgültig als saniert angesehen werden. Die durch die Zinsen abgeworfenen Erträge des Gesellschaftsvermögens ermöglichten zudem längerfristige Planung und das Nachdenken über Rücklagen. Entsprechend galt es jetzt, auch in der Politik Unterstützer für eine Akademiegründung in Frankfurt zu gewinnen. Auf einer Mitgliederversammlung Ende Mai 1960, auf der Neumark diesen Plan erneut ins Gespräch brachte, wurde der Ausschuss von den Versammelten mit dem Studium dieser Frage beauftragt. Präsident Rajewsky sollte „mit geeigneten Stellen unverbindliche Fühlung" aufnehmen. Ebenso sollte der Vorstand die Raumfrage im Zusammenhang mit der Akademiefrage prüfen.[68]

Ein weiteres halbes Jahr später berichtete Rajewsky von einer ersten Unterredung mit dem Frankfurter Oberbürgermeister Werner Bockelmann, die offenbar so positiv verlaufen war, dass in einer anschließenden Aussprache Gelzer darauf verwies, dass eine Akademie doch „wesentlich höhere Ansprüche an die Mitglieder stellen müsse als die Gesellschaft". So wurde das Problem zunächst mit dem Hinweis darauf vertagt, dass die Gesellschaft erst einmal „etwas mehr in Schwung" gebracht werden müsse.[69] Drei Monate später berichtete Rajewsky von einer weiteren Fühlungnahme mit Bockelmann sowie Stadtkämmerer Georg Klingler, die einen günstigen Eindruck auf ihn gemacht habe. Eventuell sei die Stadt zu einem Initiativantrag bereit. Die Fühlungnahme mit Wirtschaftsvertretern warf jedoch auch die Frage nach fördernden Mitgliedern auf. Der Schriftführer der Gesellschaft, der Althistoriker Hermann Strasburger, sprach hingegen offen den „derzeitig beklagenswerten Stand der Mitarbeit" an. In der anschließenden Diskussion zeichneten sich als Ziele für die unmittelbare Zukunft die wesentliche Erhöhung der Mitgliederzahl und die Festlegung eines Arbeitsprogramms als notwendig ab; die Akademiegründung könne, wie vermerkt wurde, dabei als Anreiz dienen. Als schwieriger erwies sich die Frage nach dem zukünftigen Namen einer Frankfurter oder einer Hessischen Akademie der Wissenschaften. Des Weiteren setzte man eine Vorbesprechung zu einer Umfrage bei den Mitgliedern zwecks einer Verpflichtung zu regelmäßigen Beiträgen für die nächste Mitgliederversammlung Mitte Februar an.[70] Dort wiederum kristallisierte sich heraus, dass die Gesellschaft ihre Aktivität zunächst durch häufigere Vorträge und Veröffentlichungen erhöhen und das Programm auf längere Zeit festlegen solle.

Immerhin gelang es, finanzielle Mittel für das Akademie-Projekt einzuwerben: Für das Jahr 1961 stellte die Stadt Frankfurt der Gesellschaft eine Finanz-

67 Vgl. Anm. 24: Aufstellung „Bewegung des Vermögens der Wiss. Gesellschaft seit 1933". S. 2.
68 PB 1957–1969: Eintrag vom 31.5.1960, S. 23.
69 Ebd.: Eintrag vom 1.11.1960, S. 24f.
70 Ebd.: Eintrag vom 14.1.1961, S. 28.

spritze von 20.000 DM in Aussicht, für das darauffolgende Jahr waren erneut 20.000 DM und sogar noch einmal die gleiche Summe vom Land Hessen zugesagt – laut Besprechungen, die Rajewsky mit dem damaligen, hessischen Ministerpräsidenten Georg-August Zinn, einem alten Freund,[71] und Staatssekretär Hermann Bach geführt hatte. Bereits bestehenden Akademien würden Bundesmittel in Höhe von 300.000 bis 360.000 DM pro Akademie zur Verfügung gestellt. Naturgemäß tendiere der Oberbürgermeister zum Frankfurter, der Ministerpräsident zum hessischen Bezug im Namen der künftigen Akademie.[72] Aus der Diskussion ergab sich als Rahmenvereinbarung der Mitgliederversammlung ein Kompromiss zwischen dem Land Hessen und der Stadt Frankfurt, eine Frankfurter Akademie zu gründen, als deren Einzugsgebiet jedoch ganz Hessen gelten sollte. Die bisherigen Frankfurter Mitglieder wären gleichsam durch eine „Bereitschaftserklärung für intensive Mitarbeit" neu zu verpflichten. Auf Vorschlag Rajewskys sollte mit dem Entwurf des Arbeitsprogrammes der Sitzungsberichte sogleich begonnen werden. Ebenso sollten Forschungsprojekte für den Haushalt des Jahres 1962 ausgewählt werden, wobei man zu diesem Zeitpunkt mit einem Zuwachs des Vermögens der Gesellschaft von durchschnittlich ca. 15.000 DM jährlich wirtschaften könne, wie Kassenführer Neumark konstatierte.[73]

Ab diesem Punkt verliefen die Verhandlungen über die Umwandlung der Wissenschaftlichen Gesellschaft in eine Hessische Akademie der Wissenschaften offenbar im Sand. Das Protokollbuch enthält bis auf eine beiläufige Bemerkung Rajewskys, der auf einer Mitgliederversammlung im Januar 1963 die Akademiefrage anschnitt, keine weiteren Ausführungen mehr zu dieser Thematik. Alles deutet darauf hin, dass sich im Laufe des Jahres 1963 im Magistrat der Stadt Frankfurt ein Sinneswandel vollzogen zu haben scheint, obwohl das Land Hessen bereits 20.000 DM Zuschüsse für das Jahr 1963 überwiesen hatte. Die Stadt wollte jedoch keine klare Zusage geben[74] und votierte schließlich, am 6. Januar 1964, gegen eine Umwandlung, woraufhin auch die Landesregierung den Plan nicht mehr weiterverfolgte.[75] Über die Motive war damals in einer knappen Meldung der Frankfurter Allgemeinen Zeitung zu lesen: „Gegen den Plan der Wissenschaftlichen Gesellschaft an der Johann Wolfgang Goethe-Universität, in Kürze eine ‚Akademie der Wissenschaften' zu gründen, hat sich am Montag der Magistrat ausgesprochen. Bürgermeister Menzer erklärte, man halte ein solches Institut nicht für nötig. Seine Aufgaben könnten ohne weiteres von der Max-Planck-Gesellschaft erfüllt werden. An einer Akademie dieser Art wer-

71 Vgl. O'Daniel, Herbert: JB 1976, S. 3.

72 Vgl. PB 1957–1969: Eintrag vom 26.10.1961, S. 36f. Diese Zusagen wurden auch eingehalten. Vgl. Rajewsky: Boris: JB 1970, S. 5.

73 Vgl. PB 1957–1969: Eintrag vom 26.10.1961, S. 37.

74 Vgl. ebd.: Eintrag vom 30.7.1963, S. 61.

75 Vgl. Siebler, Michael: Aus dem Aschenputtel kann eine Prinzessin werden. In: Frankfurter Allgemeine Zeitung 29.4.1987, S. 41.

de sich die Stadt finanziell nicht beteiligen. Im Übrigen bewilligte der Magistrat der Wissenschaftlichen Gesellschaft für ihre Arbeit einen einmaligen Zuschuss in Höhe von 10.000 Mark. Die Gesellschaft hatte dagegen um den doppelten Betrag gebeten und darauf hingewiesen, dass ihr auch die Landesregierung in Wiesbaden einen gleich hohen Zuschuss gewährt habe."[76]

Die Mitglieder der Gesellschaft ermächtigten Rajewsky als Präsidenten, Werner Bockelmanns Nachfolger, Oberbürgermeister Willi Brundert, baldmöglichst aufzusuchen und dabei den Jahresbeitrag der Stadt im Zusammenhang mit „bedauerlichen Äußerungen von offizieller Seite vom vergangenen Sommer" zur Sprache zu bringen und um Beibehaltung in der früheren Höhe zu bitten.[77]

Das Verhältnis der Wissenschaftlichen Gesellschaft zu Stadt und Land verbesserte sich in den nächsten Jahren nicht. Laut Eintragung im Protokollbuch vom 7. Juli 1965 berichtete Rajewsky in Anwesenheit des Stadtkämmerers Klingler über „die Streichung des Zuschusses von Stadt u. Land (pro Jahr bisher je 20.000.– DM)" und „die unglücklichen Äußerungen Bürgermeister Menzer's über die Gesellschaft im vergangenen Jahr, sowie die bedauerliche Zurückhaltung des Stadtrats und Kulturdezernenten vom Rath der Gesellschaft gegenüber".[78] Verhandlungen über die Jahreszuschüsse von Stadt und Land und die Bemühungen um Einhaltung der einst zwischen Rajewsky, Bockelmann und Zinn vereinbarten Zusagen für die jährliche Unterstützung des Haushalts der Gesellschaft wurden zwar fortgeführt, blieben jedoch ohne Erfolg. So erhielt die Gesellschaft 1964 seitens der Stadt Frankfurt rückwirkend für 1963 nur noch 10.000 DM und danach keinerlei Zuschüsse mehr, weder von der einen noch der anderen Seite[79] – die Folgen der ersten schwerwiegenden Wirtschaftskrise der Bundesrepublik in den 1960er Jahren machten sich bemerkbar.[80] Die Lage verschlechterte sich weiter, als im November 1966 Stadtrat Karl vom Rath den Vorstand darüber informierte, dass die Stadt Frankfurt zum 1. Januar 1967 die jährliche Unterstützung von 3.000 DM für die Schriftenreihe der Frankfurter Wissenschaftlichen Beiträge aufkündige.[81] Damit war ein Tiefpunkt in der Beziehung zwischen der Wissenschaftlichen Gesellschaft und der Stadt Frankfurt am Main erreicht.[82] Als Folge davon beschloss der Vorstand, Stadtrat vom Rath als Kulturdezernenten in einem Schreiben zu übermitteln, dass die Gesellschaft trotz jahrelanger Kooperationsbemühungen nunmehr den Vertrag mit der Stadt Frankfurt über die Herausgabe der Frankfurter Wissenschaftlichen Beiträge als

76 tme. (Autorenkürzel unbekannt): Magistrat gegen Akademie. In: Frankfurter Allgemeine Zeitung 8.1.1964, S. 11.
77 PB 1957–1969: Eintrag vom 16.11.1964, S. 86.
78 Ebd.: Eintrag vom 7.7.1965, S. 99f.
79 Vgl. Rajewsky, Boris: JB 1965, S. 1.
80 Vgl. ders.: JB 1970, S. 5.
81 Vgl. ders.: JB 1969, S. 2.
82 Vgl. PB 1957–1969: Eintrag vom 5.11.1966, S. 134f.

erloschen ansehen müsse.[83] 1967 wurde die Stiftungsuniversität zudem in eine staatliche Hochschule des Landes Hessen umgewandelt.

Das Land Hessen kam weiterhin den Zahlungen des vollen Beitragssatzes von 20.000 DM nach, sowohl für das Jahr 1967[84] als auch 1968, was der Gesellschaft insofern finanzielle Rückendeckung gab, als dass dadurch zumindest die laufenden Druckkosten gedeckt waren und die Förderung wissenschaftlicher Arbeitsvorhaben für den Augenblick noch durch Rücklagen ermöglicht werden konnte.[85] Schon zuvor waren in den Jahren 1962 bis 1967 insgesamt 48.900 DM für die Unterstützung einzelner Forschungsvorhaben aufgewendet worden.[86] Zwecks dieser Förderungen wurden denn auch 1968 Mittel in Höhe von 17.000 DM auf vier Mitglieder verteilt, da die Gesellschaft, in Rajewskys Worten, die Intensivierung der Förderung der speziellen wissenschaftlichen Aufgaben und Pläne ihrer Mitglieder „gerade in der jetzigen Zeit" für besonders erforderlich halte.[87] Zwei der Vorhaben waren auf mehrere Jahre angelegt, zum einen Studien Wolfgang Preisers zur Völkerrechtsgeschichte sowie Herbert Lehmanns Unterstutzung der afrika-linguistischen Studien Heinz Sölkens.[88] Mit Georg-August Zinns krankheitsbedingtem Rücktritt vom Amt des Ministerpräsidenten 1969 – Zinn hatte im Frühling einen lebensbedrohlichen Schlaganfall erlitten – endete schließlich die Unterstützung der Gesellschaft durch das Land Hessen.

Allfällige Satzungsänderung

Anfang der 1960er Jahre diskutierte die Wissenschaftliche Gesellschaft auch die nötig gewordenen Satzungsänderungen. Beispielsweise wurde in der Vorstandssitzung vom 12. Dezember 1962 über die Wiedereinführung der Wahl auswärtiger Mitglieder beratschlagt, die – wie dann auf der nächsten Vorstandssitzung beschlossen wurde – als nunmehr korrespondierende Mitglieder neben den ordentlichen und den Ehrenmitgliedern in die Satzung aufgenommen wurden; eine Unterscheidung, die 2015 endgültig aufgehoben werden sollte. Entsprechend der neuen Satzung von 1966 setzte sich der Vorstand aus sieben Mitgliedern zusammen, dem Präsidenten und seinem Stellvertreter, zwei Sekretären, dem Schatzmeister und zwei weiteren Mitgliedern.[89] Ferner sollte aus Gründen der Steuerersparnis und auf eine Anregung des Kassenführers Neumark hin eine Gemeinnützigkeitsklausel in die Satzung aufgenommen werden.[90] Außerdem

83 Vgl. ebd.: Eintrag vom 16.11.1966, S. 134f.
84 Vgl. ebd.: Eintrag vom 4.11.1967, S. 159; Eintrag vom 22.11.1967, S. 161.
85 Vgl. ebd.: Eintrag vom 2.11.1968, S. 177.
86 Vgl. Rajewsky, Boris: JB 1970, S. 3.
87 Ders.: JB 1968, S. 2.
88 Vgl. ders.: JB 1970, S. 3.
89 Vgl. PB 1957–1969: Eintrag vom 17.6.1963, S. 57f.
90 Vgl. ebd.: Eintrag vom 17.7.1965, S. 101f.

ging es um die noch aus den frühen 1930er Jahren stammende Trennung von Vorstand und Ausschuss, die *de facto* seit jeher eine geschäftsführende Einheit gebildet hatten. Diese Trennung sollte aufgehoben werden.[91] Hierfür wurde eine Satzungskommission eingerichtet, die in teilweise mehr als sechsstündigen Marathonsitzungen am 28. Juli, 23. Oktober und 4. November 1965 mitunter bis in die frühen Morgenstunden tagte. Im darauffolgenden Sommer konnte mit dem notwendigen Quorum über sämtliche *a priori* bekanntgegebenen Änderungsvorschläge im Einzelnen abgestimmt und diese angenommen werden.[92] Geändert wurden dabei die Paragraphen 1, 8 und 17, wobei man besonderen Wert auf die Betonung der Gemeinnützigkeit der Gesellschaft als „öffentlich-rechtliche Vereinigung von Gelehrten" legte, die „ausschliesslich und unmittelbar gemeinnützige Zwecke im Sinne der Gemeinnützigkeitsverordnung vom 24. Dezember 1953" verfolge. „Etwaige Gewinne" seien „nur für die satzungsgemäßen Zwecke (§ 1)" zu verwenden, wie auch Mitglieder „keine Gewinnanteile und in ihrer Eigenschaft als Mitglieder auch keine sonstigen Zuwendungen aus Mitteln der Gesellschaft" erhielten. Auch sollte das Vermögen der Gesellschaft bei Auflösung der Goethe-Universität zufallen.[93]

Nach langwieriger Ausarbeitung und der erfolgreichen Verabschiedung der Satzungsänderung konnte endlich die Anerkennung der Gemeinnützigkeit der Wissenschaftlichen Gesellschaft durch das Finanzamt erwirkt werden. Sie ging mit der Rückerstattung der Kapitalertragssteuer für die Erträge des Gesellschaftsvermögens rückwirkend seit 1962 einher. Ebenso erreichte die Gesellschaft – wohl dank des Zuspruchs des Ministerpräsidenten – ein erneuter Zuschuss des Landes Hessen zur Drucklegung ihrer Schriften. Im Gegenzug wurden die eigenen Publikationen den großen hessischen Bibliotheken kostenlos zur Verfügung gestellt.

Die räumliche Unterbringung der Gesellschaft während der Ära Rajewsky

Die immer wieder neu auftretende Raumfrage begleitete die Wissenschaftliche Gesellschaft seit ihrem Umzug nach Frankfurt am Main. Mitgliederversammlungen wurden zunächst im Geographischen Institut und Vorstandssitzungen in den Dienstzimmern einzelner Vorstandsmitglieder abgehalten. Die Universität Frankfurt zeigte nur wenig Entgegenkommen: Hatte es Anfang 1958 noch geheißen, die Wissenschaftliche Gesellschaft könne ein Zimmer im geplanten Neubau der Universität erhalten – gemeint war der von 1958 bis 1960 errichtete Neubau der Philosophischen Fakultät, das Philosophicum in der Gräfstraße – handelte es sich dabei jedoch um eine Zusage, die letztlich nicht eingehalten wurde. Andere angebotene Räume kämen laut einem Bericht, den der Medi-

91 Vgl. ebd.: Eintrag vom 28.7.1965, S. 105f.
92 Vgl. ebd.: Eintrag vom 2.7.1966, S. 126ff.
93 Ebd.: Eintrag vom 2.7.1966, S. 129.

zinhistoriker Walter Artelt in einer Vorstandssitzung vom Dezember 1962 in seiner Funktion als Beisitzer gab, „nicht in Frage".[94] So verblieb man bei der bisherigen Lösung.

Die finanzielle Situation weckte beim Vorstand den Wunsch nach einer Vollzeitstelle für ein Sekretariat[95] sowie geeigneten, eigenen Räumlichkeiten. Rajewsky nahm dazu Verhandlungen mit Stadt und Land auf.[96] Im Jahr 1966 wurden der Wissenschaftlichen Gesellschaft zwei Räume im Rektoratsstockwerk (10. Stock) des Juridicums in Aussicht gestellt. Die Verhandlungen nahmen zunächst konkretere Gestalt an, liefen dann aber von universitärer Seite aus ins Leere. Dagegen führten die erneuten Verhandlungen Rajewskys mit Stadtkämmerer Grünewald – auch über die seit Jahren vernachlässigten finanziellen Pflichten der Stadt Frankfurt der Gesellschaft gegenüber – zu dem als „sehr glücklich" empfundenen Angebot, freiwerdende Räume in einer Etage des Seminars für Völkerkunde in der Liebigstraße 41 im Frankfurter Westend zur Verfügung zu erhalten. Diesen Plan wollte man intensiv weiterverfolgen.[97] Ende 1969 berichtete Rajewsky dem Vorstand von laufenden Verhandlungen mit Oberbürgermeister Brundert über die angemessene Unterbringung der Geschäftsräume der Gesellschaft im gerade fertiggestellten und auf dem Campus Bockenheim an der Senckenberganlage gelegenen Juridicum. Nach der zwischenzeitlichen Absage sollte sie nun doch wieder als eine Möglichkeit diskutiert und auch in Anspruch genommen werden – zumindest, bis man eine besser geeignete Alternative gefunden hätte.[98] Im Februar 1970 schließlich unterrichtete Schriftführer Herbert O'Daniel darüber, ihm sei mitgeteilt worden, Universitätsrektor Walter Rüegg habe anderweitig über die der Wissenschaftlichen Gesellschaft in Aussicht gestellten Räume verfügen müssen. Rüegg, persönlich darauf angesprochen, erwiderte, die Mitteilung träfe nicht zu, die Gesellschaft könne die Räume bald beziehen – seine Wahl in die Gesellschaft war aufgrund der „außerordentlichen zeitlichen Inanspruchnahme während seines Rektorates"[99] Ende 1965 noch verschoben worden.[100] Die Raumfrage schien gelöst und so konnte Präsident Rajewsky bei der nächsten Vortragssitzung am 9. Mai 1970 die

94 Ebd.: Eintrag vom 12.12.1962, S. 52.

95 Die Leitung der Geschäftsstelle wurde ab Sommer 1961 Frau Dr. Helff übertragen, die zum 1. Januar 1971 von Frau Dr. Sterzel abgelöst wurde. Frau Dr. Sterzels Nachfolgerin wurde im Sommer 1974 Frau Schaffner, die bis 1987 im Dienst der Wissenschaftlichen Gesellschaft stand. Ihre Nachfolgerin wiederum wurde Frau Krüger, die nach zwölf Jahren Geschäftsleitung auf eigenen Wunsch – des Alters wegen – ebenfalls ausschied und deren Tätigkeit für die Gesellschaft nach entsprechender Einarbeitung von Frau Ragna Maria Kühn, die zuletzt Sekretärin bei Universitätskanzler Dr. Busch gewesen war, übernommen wurde. Auch sie schied nach zehn Jahren zum Sommer 2011 hin aus; seitdem wird die Geschäftsstelle von Frau Luise Mehrling geführt.

96 Vgl. PB 1957–1969: Eintrag vom 24.6.1961, S. 35.

97 Ebd.: Eintrag vom 20.11.1968, S. 183.

98 Vgl. PB 1969–1974: Eintrag vom 3.12.1969, S. 8.

99 PB 1957–1969: Eintrag vom 4.12.1965, S. 112f.

100 Vgl. PB 1969–1974: Eintrag vom 20.2.1970, S. 18.

Mitglieder in frisch bezogenen, eigenen Räumen begrüßen.[101] Doch nur wenige Tage später führte der Wechsel des Rektorats zu einer neuen Lage. Bereits am 6. Juni 1970 teilte Rajewsky der Versammlung mit, der neue Prorektor Wiethölter habe mitteilen lassen, dass die Universität leider gezwungen sei, wegen der in Vollzug des neuen Universitätsgesetzes notwendigen, personellen Erweiterung des Rektorats um Freistellung der von der Gesellschaft bezogenen Räume zu bitten; man werde sich selbstverständlich um geeigneten Ersatz bemühen. Daraufhin brach unter den Versammelten eine „lebhafte, bewegte Aussprache" darüber aus, ernsthaft eine Änderung des Namens „Wissenschaftliche Gesellschaft an der Universität Frankfurt" in Erwägung zu ziehen, womöglich hin zu Frankfurter Wissenschaftliche Gesellschaft oder Hessische Wissenschaftliche Gesellschaft.[102] Gleichzeitig solle so ein weiterer Schritt in Richtung Umwandlung in eine Akademie vollzogen werden.[103] Die Angelegenheit hatte zu einem klaren Vertrauensbruch und damit zu einer weiteren Vertiefung der Gräben im Verhältnis der Gesellschaft zur Universität Frankfurt geführt.

Dem Präsidenten oblag es nun, die mit Prorektor Wiethölter betriebenen Bemühungen um andere Räume der Universität fortzusetzen und darüber hinaus Fühlungnahme mit Stadtkämmerer Sölch zu halten, um eine geeignete Unterbringung durch die Stadt zu erreichen, deren Kosten ebenfalls von ihr zu schultern seien. Diese Kosten könnten mit der ausgesetzten jährlichen Unterstützung der Gesellschaft durch die Stadt aufgerechnet werden; notfalls sollte ein Makler genommen werden.[104] Gleichzeitig wurden Befürchtungen laut, eine Namensänderung könne zur Streichung der Zuschüsse seitens des Landes (oder der Stadt) führen.[105] Ersteres hatte immerhin zuletzt im Mai über Kultusminister von Friedeburg für 1970 einen Zuschuss von 10.000 DM aus Lottogeldern zugesagt.[106] Dieser Zuschuss wurde auch gezahlt.[107]

Schatzmeister und Präsident stellten sich am Ende hinter die von einigen Mitgliedern geäußerten Bedenken gegenüber einer Namensänderung: So hatte der Orientalist Rudolf Sellheim argumentiert, die Verbindung mit der Universität hebe die Gesellschaft von anderen wissenschaftlichen Vereinigungen ab, sodass eine Vertagung dieser wichtigen Entscheidung über die Satzungsänderungen insgesamt für das nächste Jahr angeregt und angenommen wurde.[108]

101 Vgl. ebd.: Eintrag vom 9.5.1970, S. 19.
102 PB 1969–1974: Eintrag vom 6.6.1970, S. 20ff.
103 Vgl. ebd.: Eintrag vom 16.6.1970, S. 24.
104 Vgl. ebd.: Eintrag vom 4.7.1970, S. 27.
105 Vgl. ebd.: S. 28.
106 Vgl. ebd.: Eintrag vom 16.6.1970, S. 25.
107 Vgl. ebd.: Eintrag vom 8.3.1971, S. 57f.
108 Vgl. ebd.: Eintrag vom 8.12.1970, Ergänzung des Protokolls vom 6.3.1971, S. 46a.

Erweiterung der Mitgliedschaft (1961–1968)

Bereits im Jahr 1961 wurden in die Wissenschaftliche Gesellschaft aufgenommen: Harald Keller, Hermann Hartmann, Gerhard Kleiner, Wolfgang Franz, Walter Artelt, Dietrich Starck, Willy Hartner und Erich Heinz. Dass die Gesellschaft sich, zumindest in Teilen, von den Ideen der Kritischen Theorie, die am Frankfurter Institut für Sozialforschung ihr institutionelles Zentrum hatte, eher distanzierte, zeigt sich in der (wenn auch knapp) gescheiterten Zuwahl von Theodor W. Adorno, der nach Max Horkheimers Rückzug das Institut als Geschäftsführender Direktor leitete. Die Wissenschaftliche Gesellschaft stand der Studentenrevolte und den folgenden Umgestaltungen innerhalb der Universität sehr zurückhaltend gegenüber. Zuwahlen konnten scheitern, wenn Hochschullehrer im Verdacht standen, die Studentenbewegung allzu sehr zu tolerieren. Diese Problematik trat erst Ende der 1980er Jahre zurück. Erben der Kritischen Tradition der Frankfurter Schule sind seither mehrere gewählt worden.[109]

Der Kunsthistoriker Harald Keller (1903–1989) wirkte als ordentlicher Professor von 1948 bis zu seiner Emeritierung 1971 an der Goethe-Universität. Ursprünglich hatte er sein Studium Anfang der 1920er Jahre an den Universitäten Leipzig, Heidelberg und München aufgenommen und war in München 1929 mit einer Arbeit über „Das Treppenhaus im deutschen Schloß- und Klosterbau des Barock“ promoviert worden. Anschließend folgten Stationen als Assistent bei der Verwaltung der Lübecker Museen und die für Keller glücklichen Jahre 1930 bis 1936, die er zunächst als Stipendiat, dann als Assistent an der Bibliotheca Hertziana in Rom verbrachte. 1935 habilitierte er sich in Frankfurt bei Hans Jantzen für das Fach Kunstgeschichte mit einer Arbeit über den Baumeister Pisano und wechselte noch im gleichen Jahr als Privatdozent für Mittelalterliche und Neuere Kunstgeschichte wieder nach München. Politisch hielt er sich in dieser Zeit durchaus erfolgreich zurück. Nach dem Kriegsdienst erfolgte die Ernennung zum außerordentlichen Professor in München, doch kehrte er schließlich wieder an das Kunstgeschichtliche Institut der Universität Frankfurt zurück. Zu Kellers Forschungsinteressen zählten neben der Städtebaukunst auch kunsttopographische Aspekte, in denen er Johann Joachim Winckelmanns Auffassung folgte, dass die Regionen eines Landes als Kunsträume mit einem konstanten individuellen Charakter zu definieren und aus den landschaftlichen Gegebenheiten kunstgeschichtliche Tatsachen herzuleiten seien, wenn er auch nicht verkannte, dass gesellschaftliche Einflüsse ebenfalls die Kunstproduktion des lokal Vorgegebenen überlagern können.[110]

Gerhard Kleiner (1908–1978) studierte ab 1926 zunächst in Tübingen für zwei Semester Jura, um dann in Berlin Klassische Archäologie zu studieren,

109 PB 1957–1969: Eintrag vom 13.2.1961, S. 31.

110 Vgl. Preiser, Wolfgang: Nachruf auf Harald Keller. In: Sitzungsberichte der Wissenschaftlichen Gesellschaft an der Johann Wolfgang Goethe-Universität Frankfurt am Main Bd. XXVIII, Nr. 6. Stuttgart 1992, S. 59–65.

obwohl dies ja eigentlich kein Brotstudium darstellte. 1934 wurde Kleiner in München bei Ernst Buschor über Tanagra-Figuren promoviert und entwickelte sich in der Folge zu einem ausgewiesenen Kenner des damals noch nicht allzu hoch im Kurs stehenden Hellenismus. Als Stipendiat des Deutschen Archäologischen Instituts bereiste er 1935 bis 1936 den Nahen Osten, sah Palästina, Syrien, Mesopotamien, dazu Zypern und Ägypten. Doch zum Mittelpunkt seiner archäologischen Bestrebungen sollte die Ausgrabung Milets werden, jener antiken Stadt an der Westküste Kleinasiens, der heutigen Türkei, die als Geburtsstätte des rationalen Denkens und der Philosophie im antiken Griechenland gilt. Schon in seiner Funktion als Kustos am Pergamon-Museum hatte er 1938 erstmals an diesen Ausgrabungen teilgenommen, deren Leitung ihm – nach der Habilitation 1944 und der Übernahme eines Lehrauftrags 1946 in Berlin, Zwischenstationen in Hamburg und München sowie der schlussendlichen Berufung im Sommer 1956 nach Frankfurt – 1958 übertragen wurde. Es war in Milet, als Kleiner im Frühsommer 1973, nach 35 Jahren Dienst an diesen Grabungen, von einem schweren Schlaganfall getroffen, zusammenbrach und, fortan der Funktion seiner Glieder beraubt, akzeptieren musste, dass andere die Früchte seiner dortigen Arbeit ernten würden und ihm die Rolle des „Übergangsmeisters" beschieden war. Doch hielt er der Wissenschaftlichen Gesellschaft, an der er sehr hing, trotz aller Beschränkungen die Treue und ließ sich noch einmal am 7. Mai 1977 in eine ihrer Sitzungen bringen.[111]

Der Mathematiker Wolfgang Franz (1905–1996) legte 1930 in Kiel, wo er seit 1924 neben Wien, Berlin und Halle Mathematik, Physik und nebenbei Philosophie und Musik studiert hatte (Franz war ein glänzender Pianist), als Sohn eines Oberstudienrektors zunächst die Lehramtsprüfung ab, wurde aber noch im gleichen Jahr mit „Untersuchungen zum Hilbertschen Irreduzibilitätssatz" in Halle promoviert. Anschließend ging er nach Marburg, um sich dort auf dem Gebiet der algebraischen Topologie zu habilitieren und bekam zum Sommersemester 1937 eine Assistentenstelle in Gießen. Auf dem Gebiet der Algebra/Zahlentheorie und Topologie zu arbeiten wurde unter der zunehmenden Einflussnahme der Nationalsozialisten erschwert und mit Ausbruch des Kriegs nahezu unmöglich: Franz wurde eingezogen und war fortan in der Arbeitsgruppe Nachrichten-Verbindungen des Oberkommandos der Wehrmacht mit Dechiffrieraufgaben beschäftigt. Später berichtete er vor der Wissenschaftlichen Gesellschaft in einem kryptologischen Vortrag über diese Zeit. Einem Antrag vom Juli 1939, Franz von Gießen nach Frankfurt zu holen, wurde 1940 vom Reichsunterrichtsminister stattgegeben und so wurde Franz 1943 – ohne dass er seine Tätigkeit bei der Wehrmacht unterbrechen konnte – in Frankfurt zum außerordentlichen Professor ernannt. Nach dem Krieg baute er aus den Trümmern wieder ein arbeitsfähiges Mathematisches Institut auf und war von 1949 bis zu

111 Vgl. Keller, Harald: Nachruf auf Gerhard Kleiner. In: Sitzungsberichte der Wissenschaftlichen Gesellschaft an der Johann Wolfgang Goethe-Universität Frankfurt am Main Bd. XVII, Nr. 2. Wiesbaden 1980, S. 39–42.

seiner Emeritierung 1974 als Ordinarius, aber auch als Rektor der Universität in den unruhiger werdenden 1960er Jahren in Frankfurt tätig. 1967 war er Präsident der Deutschen Mathematiker-Vereinigung, 2005 hielt die Goethe-Universität anlässlich seines 100. Geburtstags ein Festkolloquium ab.[112]

Walter Artelt (1906–1976) wurde 1929, nach einem Studium der Zahnheilkunde in Breslau und dem Erwerb des Physikums in Freiburg, dort mit einer Dissertation über „Die Geschichte der Anatomie der Kiefer und der Zähne bis zum Ausgang der Antike" zum Dr. med. dent. promoviert. Bereits hier zeigte sich, dass Artelt dem Praktischen weniger Interesse entgegenbrachte als vielmehr der Theorie des Methodischen: nach Mentalität und Selbsteinschätzung war er ein in der Medizin verwurzelter Geisteswissenschaftler. So betrieb er noch während des Studiums intensive Geschichts-, Vorgeschichts- und Kunstgeschichtsstudien und erwarb 1934 bei Hans Jantzen in Frankfurt zusätzlich den Dr. phil. mit einer Arbeit über „Die Quellen in der mittelalterlichen Dialogdarstellung", bevor er sich 1935 in Berlin für Medizingeschichte mit einer Arbeit über „Die Geschichte der Begriffe Heilmittel und Gift im Corpus Hippocraticum" habilitierte und sogar 1938 noch die Promotion zum Dr. med. abschloss; die Approbation als Arzt indes hat er bezeichnenderweise nicht erworben. 1939 zum Kriegsdienst eingezogen, kam er zur Nachrichtentruppe. Am 1. Januar 1942 wurde Artelt in die NSDAP aufgenommen. Mit der frischen Ernennung zum außerplanmäßigen Professor 1942 in der Tasche, gelang es ihm, bei den Engländern durchzukommen, sodass er im Juli 1945 in Frankfurt eintraf. Die wertvolle Bibliothek, die Artelt seit 1938 in seiner Funktion als Leiter des Senckenbergischen Instituts für Medizingeschichte an der Goethe-Universität hatte aufbauen können, konnte gerettet und zum Wiederaufbau des Instituts nach dem Krieg genutzt werden. Bis zu seiner Emeritierung 1971 hatte er diese Position inne, war daneben aber auch von 1950 bis 1955 Vorsitzender der Deutschen Gesellschaft für Geschichte der Medizin, der Naturwissenschaften und der Technik sowie seit 1952 Mitglied der Leopoldina und später noch vieler weiterer wissenschaftlicher Gesellschaften.[113]

Dietrich Starck (1908–2001) studierte von 1926 bis 1932 in Jena, Wien und Frankfurt am Main Medizin, wo er 1932 über „Die Kaumuskulatur der Platyrrhinen" promoviert wurde. Anschließend wechselte er ans Anatomische Institut der Universität Köln und habilitierte sich dort 1936 für Anatomie mit einer Arbeit „Über einige Entwicklungsvorgänge am Kopf der Urodelen". Starck, der 1945 zum außerordentlichen und 1949 zum ordentlichen Professor und Direktor der Dr. Senckenbergischen Anatomie ernannt wurde, die er bis zu seiner

112 Vgl. Schwarz, Wolfgang: Nachruf auf Wolfgang Franz. In: Sitzungsberichte der Wissenschaftlichen Gesellschaft an der Johann Wolfgang Goethe-Universität Frankfurt am Main Bd. XXXVI, Nr. 6. Stuttgart 1999, S. 51–55.

113 Vgl. Starck, Dietrich: Nachruf auf Walter Artelt. In: Sitzungsberichte der Wissenschaftlichen Gesellschaft an der Johann Wolfgang Goethe-Universität Frankfurt am Main Bd. XVII, Nr. 2. Wiesbaden 1980, S. 9–15.

Emeritierung 1976 leitete, entwickelte durch die konsequente Einbeziehung der neuen Erkenntnisse der Embryologie und Entwicklungsphysiologie sowie der Evolutionsbiologie eine moderne Organismusvorstellung. Dieses Konzept des funktionellen Aufbaus der Wirbeltierkörper, das von den Kenntnissen der Stammesgeschichte sowie der prä- und postnatalen Ontogenese der einzelnen Formen ausgeht, stellte er in „richtungsweisenden Lehrbüchern der Embryologie, der Vergleichenden Wirbeltieranatomie und der Speziellen Zoologie der Säugetiere“ dar. Zudem bilden seine umfassenden Darlegungen einer modernen Wirbeltiermorphologie die „unverzichtbaren Grundlagen aller zukünftigen Arbeiten von der Vergleichenden Anatomie und Embryologie der Wirbeltiere bis hin zu ihrer Evolutionsbiologie“. An Ehrungen hat es ihm dementsprechend nicht gefehlt: Starck war Mitglied der Leopoldina, die ihm die Gregor-Mendel-Medaille verlieh, er bekam die Ehrendoktorwürde der Universität Wien, die Senckenbergische Naturforschende Gesellschaft dekorierte ihn mit ihrer höchsten Auszeichnung, der Cretzschmar-Medaille, und er war Vorsitzender und Ehrenmitglied der Anatomischen Gesellschaft, der Deutschen Zoologischen Gesellschaft und vieler anderer nationaler und internationaler Institutionen.[114]

Im Juli 1964 wurden der Jurist Hellmut Georg Isele, der Slawist Alfred Rammelmeyer und der Physiker Erwin Schopper in die Gesellschaft gewählt,[115] im Dezember 1965 die Herren Hans Peter (Römisches Recht bzw. Bürgerliches Recht) und Hermann Dänzer (Angewandte Physik).[116]

Alfred Rammelmeyer (1910–1995), als Sohn eines deutschen Kaufmanns und einer Russin in Moskau geboren, studierte ab 1930 an der Universität Berlin Slawische und Romanische Philologie sowie Evangelische Theologie. 1935 wurde er dort mit „Studien zur Geschichte der russischen Fabel des 18. Jahrhunderts“ promoviert, bevor er zunächst als Russischlektor nach Greifswald und von 1937 bis 1945 an die Universität Königsberg ging, wo er sich 1943 mit einer Arbeit über „Die Philipponen in Ostpreußen“ habilitierte. 1945 wurde er Dozent in Kiel, 1948 außerplanmäßiger und 1952 in Marburg schließlich ordentlicher Professor für Slawische Philologie, wo er das Seminar und eine beachtliche Bibliothek einrichtete. Rufe nach Hamburg und Halle schlug er aus, doch ging er 1958 nach Frankfurt, um dort ebenfalls das Slawistische Seminar zu gründen und für zwei Jahrzehnte auch zu leiten. Rammelmeyers Forschungen werteten die slawische Philologie – verglichen mit dem damaligen Stand der anderen Philologien – deutlich auf und verschafften ihr den Ruf einer ernst-

114 Duncker, Hans-Rainer: Nachruf auf Dietrich Starck. In: Sitzungsberichte der Wissenschaftlichen Gesellschaft an der Johann Wolfgang Goethe-Universität Frankfurt am Main Bd. XLVI, Nr. 1. Stuttgart 2008, S. 21–32.

115 Vgl. Rajewsky, Boris: JB 1964, S. 3.

116 Vgl. ders.: JB 1965, S. 3.

zunehmenden Literaturwissenschaft. Er war auch derjenige, der in Deutschland die Dostojevski-Forschung für philologische Untersuchungen öffnete.[117]

Erwin Schopper (1909–2009) war ein Pionier der Schwerionenforschung. Seine wissenschaftlichen Arbeiten galten insbesondere der kosmischen Strahlung, deren Kernprozesse er 1937 im Labor der IG Farben fotografisch nachweisen konnte. Weiterhin befasste er sich mit Elektronen-Strahlen und Gasfluoreszenz, nuklearer Analytik, hochenergetischen Schwerionen-Stößen, der Physik der hohen Atmosphäre und Weltraum-Strahlenbiologie. An den Universitäten Tübingen, Berlin, München und an der Technischen Hochschule München hatte er Physik studiert. In seiner Dissertation 1934 an der damaligen TH Stuttgart zeichnete er die Spuren ionisierender Teilchen mithilfe fotografischer Emulsionen auf. Schopper war von 1934 bis 1937 Wissenschaftlicher Assistent am Physikalischen Institut der TH Stuttgart und arbeitete bis 1945 als Abteilungsleiter am Wissenschaftlichen Zentrallabor der IG Farbenindustrie Agfa in Wolfen. 1956 kam er nach Frankfurt, wo er bis zu seiner Emeritierung 1979 forschte und lehrte. Das damalige Institut für Kernphysik auf dem Rebstockgelände hat er begründet und geleitet. Er wirkte beratend für die Organisation für wirtschaftliche Zusammenarbeit und Entwicklung und den Europarat und war Mitglied der Deutschen Atomkommission. Darüber hinaus war er auch wesentlich an Gründung und Aufbau der Gesellschaft für Schwerionenforschung in Darmstadt beteiligt. 1984 wurde er mit dem Bundesverdienstkreuz 1. Klasse ausgezeichnet.[118]

Der Züricher Hans Peter (1923–1985) war 1948 in seiner Heimatstadt mit einer Dissertation über „Wandlungen der Eigentumsordnung und der Eigentumslehre seit dem 19. Jahrhundert“ promoviert worden und legte anschließend als Stipendiat des Schweizerischen Instituts während eines Rom-Aufenthalts 1951/52 den Grundstein für seine spätere souveräne Kenntnis der italienischen wissenschaftlichen Literatur zum römischen Recht. Nach seiner Rückkehr wurde er Assistent am Zürcher Juristischen Seminar und erwarb sein Anwaltspatent, 1956 folgte die Habilitation mit der rechtsvergleichenden Studie „Actio und Writ. Eine vergleichende Darstellung römischer und englischer Rechtsbehelfe“. An die Universität Frankfurt rief man Peter im Herbst 1960 auf ein Extraordinariat für Römisches und Bürgerliches Recht, doch ging er – bereits 1962 zum ordentlichen Professor ernannt – 1967 wieder nach Zürich zurück, wo er noch bis zu seinem überraschenden Tod 1985 lehrte. Peter war weithin angesehen. Als Vorstandsmitglied des Zürcherischen Juristenvereins stand er von 1975 bis

117 Vgl. Harder, Hans-Bernd: Nachruf auf Alfred Rammelmeyer. In: Sitzungsberichte der Wissenschaftlichen Gesellschaft an der Johann Wolfgang Goethe-Universität Frankfurt am Main Bd. XXXVI, Nr. 6. Stuttgart 1999, S. 31–34.

118 Vgl. Hardy, Anne: Ein Professor älter als die Goethe-Universität. Presseerklärung der Goethe-Universität. URL: https://idw-online.de/de/news322490 zuletzt geändert am 24.6.2009, abgerufen am 26.5.2022.

1977 als Präsident an dessen Spitze. Die Londoner *Selden Society* ernannte ihn zu ihrem Vertrauensmann für Deutschland, Österreich und die Schweiz.[119]

Im Dezember 1967 wurden Heinz Bilz (Theoretische Physik), Konrad Kraft (Alte Geschichte), Rudolf Sellheim (Orientalistik) und Johannes Hirschberger (Katholische Religionsphilosophie) in die Gesellschaft gewählt.[120]

Nach sieben Jahren Militärdienst und Kriegsteilnahme studierte Konrad Kraft (1920–1970) in München Klassische Philologie und Geschichte. Ein Stipendium ermöglichte ihm ein Promotionsstudium bei dem Numismatiker und Archäologen Andreas Alföldi in Bern, das er 1949 mit einer Arbeit zum Thema „Zur Rekrutierung der Alen und Kohorten am Rhein und der Donau" abschloss. Von 1952 bis 1959 war Kraft Konservator an der staatlichen Münzsammlung München. Während dieser Zeit habilitierte er sich an der Universität München (Der goldene Kranz Caesars und der Kampf um die Entlarvung des „Tyrannen"). Ab 1959 war Kraft außerordentlicher Professor für „Hilfswissenschaften der Altertumskunde", von 1962 bis zu seinem frühen Tod im Jahr 1970 ordentlicher Professor für Alte Geschichte in Frankfurt am Main. Kraft baute das neue Institut als Teil des althistorischen Seminars auf. Sein Forschungsschwerpunkt betraf die antike Numismatik und Geldgeschichte. Zahlreiche Einzelpublikationen und Herausgeberschaften auf diesem Gebiet gehen auf ihn zurück. Er war Mitglied und Redaktionsleiter in der Bayerischen Numismatischen Gesellschaft, ab 1957 ordentliches Mitglied des Deutschen Archäologischen Instituts. 1962 wurde er in dessen Kommission für Alte Geschichte und Epigraphik gewählt.[121]

Johannes Hirschberger (1900–1990) war ein deutscher katholischer Theologe, Philologe, Philosophiehistoriker und Philosoph. Zu seinem bekanntesten Werk gehört seine „Geschichte der Philosophie" in zwei Bänden (1949–1952), die als ein Standardwerk der Philosophiegeschichte gilt. Sie wurde über achtzig Mal aufgelegt und in neun Sprachen übersetzt. Hirschberger studierte in Eichstätt katholische Theologie und wurde 1925 zum Priester geweiht. Nach zweijähriger Tätigkeit als Kaplan wurde er zum Studium der Philosophie, griechischen Philologie und katholischen Dogmatik an der Universität in München beurlaubt. Dort wurde er wurde er 1930 mit einer Dissertation zum Thema „Die Phronesis in der Philosophie Platons vor dem Staate" promoviert. Tätigkeiten als Domvikar, Domprediger und Religionslehrer in Eichstätt folgte die außerordentliche Professur für Philosophiegeschichte und praktische Philosophie an der Bischöflich-Theologischen Hochschule in Eichstätt. 1953 übernahm er die vom Bistum Limburg gestiftete Stiftungsprofessur für katholische Religionsphilosophie in Frankfurt am Main, die das Land Hessen dann 1961 in einen Lehrstuhl

119 Vgl. Preiser, Wolfgang: Nachruf auf Hans Peter. In: Sitzungsberichte der Wissenschaftlichen Gesellschaft an der Johann Wolfgang Goethe-Universität Frankfurt am Main Bd. XXVIII, Nr. 6. Stuttgart 1992, S. 9–13.

120 Vgl. Rajewsky, Boris: JB 1967, S. 1.

121 Vgl. Alföldi, Andreas: Konrad Kraft. In: Gnomon 43 (1971), S. 318–320.

der katholischen Fakultät umwandelte. Dort blieb er bis zu seiner Emeritierung 1968. Ebenfalls 1961 wurde er zum päpstlichen Hausprälaten ernannt.[122]

Der Orientalist Rudolf Sellheim (1968–2013) hatte das Studium der Altphilologie, Theologie und Orientalistik 1947 in Halle aufgenommen, wechselte dann aber zwei Jahre später nach Frankfurt, wo er 1953 unter Helmut Ritter mit der Untersuchung einer Sammlung von Sprichwörtern und Sentenzen aus dem Arabischen promoviert wurde. Als Assistent ging er nach Bonn, um sich dort 1957 zu habilitieren und anschließend Helmut Ritter auf dessen freigewordenen Frankfurter Lehrstuhl zu folgen, den er bis zu seiner Emeritierung 1994 innehatte. Sellheims Forschungen sind für die Orientalistik von nicht zu unterschätzender Bedeutung; so fanden arabische Übersetzungen seiner Arbeiten häufig ein lebhaftes Echo. Eine ganze Reihe von Studien zur frühen Geschichte des Islam förderte unter anderem unterschiedliche historische Schichten in den frühen Zeugnissen der arabischen Biographie des Propheten Mohammed zutage, immer ausgerichtet auf die Erkennbarkeit des historischen Kerns einer vielfach uberformten Überlieferung. Entsprechend war Sellheim Mitglied vieler Akademien, darunter die Bayerische, aber auch die Irakische und die Ägyptische Akademie der Wissenschaften sowie die Akademien der Arabischen Sprache in Kairo, Damaskus und im indischen Aligarh.[123]

Im Dezember 1968 schließlich wurden Franz W. Müller (Romanische Philologie) und Hermann Müller-Karpe (Vor- und Frühgeschichte) zugewählt.[124]

Herrmann Müller-Karpe (1925–2013) studierte nach dem Zweiten Weltkrieg Vor- und Frühgeschichte, Klassische Archäologie und Kunstgeschichte in Marburg und wurde im April 1948 mit der Arbeit „Beiträge zur Urnenfelderkultur in den Südostalpen“ promoviert. Gedanken, den geistlichen Beruf eines Gemeindepfarrers zu ergreifen, hatten sich während des Studiums zerstreut, wenn sich Müller-Karpe auch eine lebenslange tiefe Religiosität bewahrte. Zunächst im Hessischen Landesmuseum in Kassel tätig, ging Müller-Karpe zwei Jahre später, Anfang 1950, als Assistent bzw. Konservator an die Prähistorische Staatssammlung in München, wo er mehr als ein Jahrzehnt blieb und sich an der dortigen Universität 1958 habilitierte. Schließlich nahm er eine Lehrstuhlvertretung in Würzburg an und begann, das Fach Vor- und Frühgeschichte in seiner ganzen Breite zu lehren. Von 1963 an bis 1987 wirkte er als ordentlicher Professor an der Goethe-Universität. Bekannt wurde er vor allem durch sein

122 Vgl. Schrimpf, Gangolf: Johannes Hirschberger zum Gedächtnis. In: Philosophisches Jahrbuch 99 (1992), S. 165–170.

123 Vgl. Leder, Stefan: Nachruf auf Rudolf Sellheim. In: Sitzungsberichte der Wissenschaftlichen Gesellschaft an der Johann Wolfgang Goethe-Universität Frankfurt am Main Bd. LVII, Nr. 5. Stuttgart 2020, S. 19–21.

124 Vgl. Rajewsky, Boris: JB 1968, S. 1.

umfassendes „Handbuch der Vorgeschichte“, das in den Jahren 1966 bis 1980 in vier Bänden erschien.[125]

Turbulente Zeiten zum Ende der Ära Rajewsky

Am 23. Juni 1966 wurde das 60-jährige Bestehen der Wissenschaftlichen Gesellschaft noch mit einer öffentlichen Sitzung und dem Festvortrag Hermann Strasburgers über „Die Wesensbestimmung der Geschichte durch die antike Geschichtsschreibung“ und einer Pressekonferenz, auf der die Geschichte der Gesellschaft, ihre Ziele und Tätigkeit erörtert wurden, feierlich begangen.[126] Danach brachen an der Universität unruhige Zeiten an, die auch an den Mitgliedern der Wissenschaftlichen Gesellschaft nicht spurlos vorübergingen.

In den 1960er Jahren hatte unter dem Eindruck nationaler und auch internationaler politischer Ereignisse eine zunehmende Politisierung der Studentenschaft stattgefunden, verbunden mit einer teilweisen Radikalisierung. Frankfurt wurde neben Berlin das Zentrum der 1968er-Bewegung. Neben gewalttätigen Auseinandersetzungen auf der Straße und Brandanschlägen in der Stadt verlagerte sich der Protest auch in die Universität. Er hatte das Ziel, Inhalte und wissenschaftlichen Zugang zu Forschung und Lehre zu revolutionieren und damit letztlich auch die Gesellschaft. Das Frankfurter Institut für Sozialforschung mit Theodor W. Adorno und Max Horkheimer spielte mit seinen Untersuchungen zur Reform und Demokratisierung der Hochschulen eine bedeutende Rolle für die Entwicklung der Protestbewegung. In den USA entwickelte Herbert Marcuse seine Theorie der „revolutionären Gegengewalt“, die unterdrückten Minderheiten ein Recht auf außergesetzlichen Widerstand zusprach. Die Ereignisse wurden vielfach beschrieben.

Die mit zunehmender Gewaltbereitschaft ausgetragenen Auseinandersetzungen führten zu teils massiven Störungen im Lehrbetrieb, insbesondere auf dem Hauptcampus der Universität in Bockenheim. Legendär sind die Besetzung und Verwüstung des Rektorats im Mai 1968, verbunden mit der Umbenennung der Universität in „Karl-Marx-Universität“ durch radikalisierte Studenten unter Führung des Sozialistischen Deutschen Studentenbundes (SDS) oder die Besetzung des Soziologischen Seminars in der Myliusstraße und dessen Umbenennung in „Spartacus-Seminar“ (nach dem „Marxistischen Studentenbund Spartakus“). Das Studentenhaus hieß nun „Che Guevara-Haus“. Das Konterfei von Karl Marx prangte auch über dem Eingang zum Rektorat im Jügelhaus.[127]

125 Vgl. Lüning, Jens: Nachruf auf Hermann Müller-Karpe. In: Sitzungsberichte der Wissenschaftlichen Gesellschaft an der Johann Wolfgang Goethe-Universität Frankfurt am Main Bd. LVII, Nr. 5. Stuttgart 2020, S. 25–31.

126 Vgl. Rajewsky, Boris: JB 1966, S. 1–4.

127 Vgl. Walther, Rudolf: Als Studenten Goethe mit Marx vertrieben. Was 1968 an der Universität Frankfurt geschah. In: Forschung Frankfurt 17 (2018) Heft 1, S. 5–12.

Diese Ereignisse führten auch zu einer verstärkten Politisierung der universitären Gremien. Die Universität Frankfurt blieb bis weit in die siebziger Jahre hinein ein politischer Unruheherd. Daran waren nicht nur Studenten beteiligt, sondern auch Professoren und wissenschaftliche Mitarbeiter. Die Auseinandersetzungen hielten jahrelang die Gremien in Atem und führten letztlich mit Novellierungen des hessischen Universitätsgesetzes unter anderem zu deren Neustrukturierung, der Abschaffung von Fakultäten, Lehrstühlen und Talaren, der Umwandlung von Instituten in „Betriebseinheiten" und zu einer Politisierung der Professorenschaft.

Die „jetzige Zeit", wie sich Rajewsky auf die Studentenunruhen des Jahres 1968 bezogen hatte, hatte naturgemäß nicht nur längerfristige Auswirkungen auf die Universität Frankfurt, sondern auch auf die Mitglieder der Wissenschaftlichen Gesellschaft. Die Institution konnte jedoch, wie in den Jahresberichten einleitend vermerkt wird, trotz der Unruhen, hochschulpolitischer Spannungen und den daraus folgenden, zum Teil sehr scharfen Auseinandersetzungen verschiedener Gruppen immerhin „die Kontinuität und die Störungsfreiheit ihrer Tätigkeit bewahren".[128]

Störungen und die Sabotage von Veranstaltungen, gerade zu Beginn des Wintersemesters 1968/69, waren keine Seltenheit. In einer Vorstandssitzung vom 20. November 1968 berieten die anwesenden Mitglieder über das weitere Vorgehen, sollte der für die öffentliche Sitzung (alljährlich im Herbst stattfindend) am 28. November geplante Vortrag des Neuzeithistorikers Otto Vossler, „Gedanken über die Universität", gestört werden. Man einigte sich darauf, in diesem Falle Vossler selbst den Vortrag abbrechen zu lassen, durch den Präsidenten Rajewsky eine kurze Erklärung abzugeben und sich dann im Palmengarten zu treffen.[129] Während Vosslers Vortrag ungestört verlief, kam es jedoch am gleichen Tag in der Vorlesung „Einführung in die Rechtswissenschaft" des Gesellschaftsmitglieds Adalbert Erler zum Eklat: „Am 28. November kam es – für die Fakultät und mich unerwartet – zu neuen Störungen, wieder unter Mißbrauch des an sich legitimen studentischen Fragerechts. Ein Student, der am 26. November in provozierender Haltung auf der vorderen Bank gesessen hatte, meldete sich als erster. Als ich seine Meldung ignorierte, meldeten sich mehrere andere Studenten und unterbrachen die Vorlesung durch lautes Dazwischenreden. Einer der Störer begann seine Ausführungen mit den Worten: ‚Herr Professor, dieses ist das vierte Mal, daß Sie …' (der Rest ging in Unruhe unter); auch auf diesen Redner bin ich nicht eingegangen, da schon die genannten Worte nicht eine Frage, sondern eine persönliche Kritik erwarten ließen. Nunmehr erhob sich das Fachschaftsmitglied Michael Thomas und erklärte: ‚Herr Professor Erler, was sie da machen, das geht zu weit!' (gemeint war wohl die unbeirrte Fortsetzung meiner Vorlesung). Als ich danach pflichtgemäß mit mei-

128 Rajewsky, Boris: JB 1969, S. 1.
129 Vgl. PB 1957–1969: Eintrag vom 20.11.1968, S. 183.

ner Vorlesung fortfuhr, verließ etwa die Hälfte der Studenten unter der Führung von Herrn Thomas den Saal. Mit der anderen Hälfte führte ich die Vorlesung zu Ende – nun ungestört. Draußen warteten inzwischen die Herausgegangenen. Durch eine Doppelreihe zischender Studenten mußte ich das Haus verlassen. Dieses ist die vierte Störung meiner Vorlesung gewesen. Alle meine verschiedenartigen Versuche, die Vorlesung mit wechselnden Methoden im Interesse der willigen Studenten fortzuführen, sind fehlgeschlagen. Die Störungen sind berechnet und haben Ziele, für welche meine gegenwärtige Vorlesung gewiß nur ein Vorwand ist (meine anderen Vorlesungen und Übungen verlaufen bisher störungsfrei). Bei einer Fortführung der Vorlesung ‚Einführung in die Rechtswissenschaft' wären neue und wohl auch noch schwerere Störungen mit Sicherheit zu erwarten. Unter diesen Umständen halte ich die verfassungsrechtlich garantierte Freiheit der Lehre in der Vorlesung nicht mehr für gegeben. Zudem ist es für den Hochschullehrer unzumutbar und mir unmöglich, in der geschilderten hochgespannten Atmosphäre die Vorlesung weiter zu halten. Ich habe daher meine Vorlesung ‚Einführung in die Rechtswissenschaft' nach Rücksprache mit dem Dekan der Fakultät mit Wirkung ab 3. Dezember bis auf weiteres absagen müssen."[130]

Auch einige Zeit danach noch war man, Michael Stolleis zufolge, selbst in den eigenen Räumlichkeiten vor Übergriffen nicht sicher: So habe ihm nur seine jugendliche Erscheinung Respekt verschaffen können, als einmal eine Gruppe Studenten in sein Büro eindrang („Bist du Prof?" – „Ja." – „Da haben Sie sich aber angestrengt!").[131] Infolge solcherlei studentischer Attacken zogen sich Mitglieder der Gesellschaft – Stolleis nennt die Herren Adalbert Erler, Helmut Coing und Wolfgang Preiser aus seinem Fachbereich – aus der Universität zurück[132] und engagierten sich dafür umso eifriger in der Leitung der Gesellschaft, die dadurch zeitweise zu einem Rückzugsort für Professoren wurde, die der sogenannten Demokratisierung der Universität kritisch gegenüberstanden.[133] Dies wurde im gemeinsamen Gespräch mit der Archäologin und Numismatikerin Maria Radnoti-Alföldi und dem Paläontologen Klaus Vogel bestätigt.[134] Beson-

130 Erler, Adalbert: Bericht an den Rektor der Universität Frankfurt über die Störung der Vorlesung „Einführung in die Rechtswissenschaft", 3.12.1968. URL: https://www.studentenbewegung-frankfurt.de/dalbert-erler/ zuletzt geändert am 29.7.2020, abgerufen am 30.7.2020.

131 Gespräch mit Michael Stolleis am 15.7.2019 in den Räumen der Wissenschaftlichen Gesellschaft.

132 Es ist bezeichnend für das hohe Ansehen und die außerordentliche wissenschaftliche Reputation Helmut Coings, dass man in den Folgejahren, als er sich fortwährend von Sitzungen abmeldete und nur noch sporadisch alle paar Jahre einmal zum Vortragen erschien, einzig ihm den Status einer, wie Bruno Liebrucks es in einer Sitzung vom 13.12.1975 ausdrückte, „schmückenden Zelebrität" zugestand.

133 Gespräch mit Michael Stolleis am 15.7.2019 in den Räumen der Wissenschaftlichen Gesellschaft.

134 Gespräch mit Maria Radnoti-Alföldi und Klaus Vogel am 27.7.2019 im Frankfurter Café Laumer.

ders deutlich kommt dies am Beispiel der beiden Mitglieder Walter Rüegg und Alfred Rammelmeyer – damals Rektor und Prorektor der Universität Frankfurt – zum Ausdruck: Das Universitätsgesetz vom Mai 1970, das von beiden als mangelhaft kritisiert wurde, zumal es „nach Ansicht kompetenter Juristen sogar verfassungswidrige Bestimmungen"[135] enthielt, führte dazu, dass sie ihre Ämter niederlegten, da sie sich außer Stande sahen, es umzusetzen. In einer Presseerklärung des Frankfurter ASTA las man dazu: „Die Frankfurter Studentenschaft begrüßt ausdrücklich die Absicht der hessischen Rektoren zurückzutreten, weil sich herausgestellt hat, daß ihre Hochschulpolitik gescheitert ist. Die Studentenschaft ist gerne bereit, die Aufgaben der Rektoren zu übernehmen, um so erstmalig für eine demokratische Amtsführung zu sorgen."[136]

Als maßgebliche Gründe für den Rücktritt bezeichnete Rüegg am 8. Mai vor dem Senat „die strukturellen Mängel sowohl hinsichtlich des Lehrkörpers wie auch auf Fachbereichs- und Universitätsebene". In Notker Hammersteins Worten: „Es war die ‚Entmachtung des Senats', seine Auflösung als mehrheitlich kollegiales Gremium der Ordinarien, die den starken Widerstand hervorriefen sowie der Übergang vieler seiner Kompetenzen an die neuen, vom Konvent nach parlamentarischen Usancen zu wählenden Ständigen Ausschüsse. Dort fanden sich alle Gruppen wieder und mussten an den zentralen Entscheidungen über Haushalt, Planung, fachliche Strukturen, Lehre und Studium mitwirken. [...] Auf dem Papier erschien diese Einrichtung als eine, die breite, demokratisch zustande gekommene und nach Kompetenzen gewichtete Mitwirkung aller Gruppen versprach. Dass die Praxis in den folgenden Jahren dem nur teilweise entsprach, war eine erst noch zu machende Erfahrung. Die Ausschüsse spiegelten zwar die demokratischen Mehrheitsverhältnisse wider, aber ihre gewählten Mitglieder, mit Ausnahme der Studenten, waren über ein Jahrzehnt fast immer die gleichen Personen. Ein offener oder gar häufiger Wechsel, die Beteiligung vieler an der demokratischen Willensbildung, fand insoweit nicht bzw. nur sehr eingeschränkt statt."[137]

Rüegg und Rammelmeyer wurden wenige Tage nach dieser Senatssitzung, am 15. Mai, durch Kultusminister Ludwig von Friedeburg, einem Soziologen, der am Frankfurter Institut für Sozialforschung tätig gewesen war, abgesetzt und in einer „nicht gerade stilvollen Aktion" durch Erhard Denninger und Rudolf Wiethölter – beide Mitinauguratoren des neuen Gesetzes – als neue Amtsträger ersetzt, für die Entlassenen völlig unerwartet und der Art nach kränkend. Die Angelegenheit hatte Rüegg derart mitgenommen, dass er nur wenige Tage danach auf Anraten seines Arztes einen Kuraufenthalt antrat.[138]

135 Zitat nach Hammerstein, Notker: Die Johann Wolfgang Goethe-Universität Frankfurt am Main. Bd. II: Nachkriegszeit und Bundesrepublik 1945–1972. Göttingen 2012, S. 868.
136 Ebd.
137 Ebd. S. 869.
138 Ebd. S. 870.

Die ordentliche Mitgliederversammlung am 8. Dezember 1970, bei der auch die Namensänderung der Gesellschaft abgelehnt wurde, war zugleich Boris Rajewskys letzte Mitgliederversammlung als Präsident der Wissenschaftlichen Gesellschaft. Bei der anschließenden Neuwahl des Vorstands, bei der er, siebenundsiebzigjährig nach mehr als 15 Jahren im Amt, nicht erneut kandidierte, wurde der Anglist Helmut Viebrock als sein Nachfolger gewählt[139] – wie sich herausstellte allerdings nur für eine Interimszeit von einem Jahr.[140] Stellvertretender Vorsitzender wurde der Mediziner Dietrich Starck. Erster Schriftführer wurde erneut der Kristallograph Herbert O'Daniel, zweiter Schriftführer der Slawist Alfred Rammelmeyer. Fritz Neumark kandidierte nicht erneut für das Amt des Schatzmeisters; statt seiner wurde der Neuropathologe Wilhelm Krücke mit der Verwaltung des Gesellschaftsvermögens betraut. Zu Beisitzern wählte man die Herren Erwin Schopper und Wolfgang Preiser. Der langjährige Präsident wurde mit Applaus der Versammelten verabschiedet, eine Ära war zu Ende gegangen.[141]

ERFOLGREICHE WISSENSCHAFTLICHE TÄTIGKEIT, VERTRAUTE PROBLEME (1970–1985)

Die Vortrags- und Publikationstätigkeit der Gesellschaft wurde in diesem Zeitraum auf hohem Niveau weitergeführt. Das wird allerdings in diesem historischen Abriss kaum sichtbar, der sich primär den formalen Aspekten der Entwicklung der Wissenschaftlichen Gesellschaft widmet. Zu den wiederkehrenden Themen gehörten Finanz- und Raumfragen, das Publikationswesen, inneruniversitäre und hochschulpolitische Entwicklungen und natürlich die Zuwahl bedeutender Gelehrter. Erstmals wurde in diesem Zeitraum eine Wissenschaftlerin in die Wissenschaftliche Gesellschaft aufgenommen.

Drei neue Präsidenten

Der neue Präsident Helmut Viebrock (1912–1997) war in den 1930er Jahren mit einer Arbeit über William Wordsworth promoviert worden und lehrte seit 1955 Englische Philologie an der Universität Frankfurt, deren Amerikanistik er zugleich aufbaute.

139 Vgl. PB 1969–1974: Eintrag vom 8.12.1970, S. 44.
140 Vgl. Rajewsky, Boris: JB 1970, S. 6.
141 Vgl. PB 1969–1974: Eintrag vom 8.12.1970, S. 46.

Helmut Viebrock

Viebrock war es auch, der in Zusammenarbeit mit dem aus dem amerikanischen Exil nach Deutschland zurückgekehrten Verlegerehepaar Gottfried und Brigitte Bermann-Fischer (S. Fischer Verlag) die bis heute bestehende Stiftungsdozentur für Poetik an der Goethe-Universität ins Leben rief, die 1958 durch keine geringere als Ingeborg Bachmann eröffnet wurde. Im gleichen Jahr wurde er in die Wissenschaftliche Gesellschaft gewählt.[142] Seine Forschungen konzentrierten sich auf die englische Romantik, Shakespeare, die moderne englische und amerikanische Literatur, Rhetorik und Stil der politischen Rede sowie literaturkritische und ästhetische Probleme. Viebrock war weithin angesehen, was sich nicht nur in seiner Mitgliedschaft in der wissenschaftlichen Kommission des Wissenschaftsrats, sondern auch in zahlreichen, vorwiegend britischen, aber auch amerikanischen Ehrungen widerspiegelt. Als er 1963 einen Ruf an die neu gegründete Universität Salzburg erhielt, den er ablehnte, ehrten ihn seine Studenten und Mitarbeiter mit einem Fackelzug.[143]

Bereits nach einem Jahr, auf der letzten Mitgliederversammlung des Jahres 1971, trat Helmut Viebrock aus gesundheitlichen Gründen vom Amt des Präsidenten der Wissenschaftlichen Gesellschaft zurück.[144] Als Schriftführer blieb er weiterhin im erweiterten Vorstand. Zum neuen Präsidenten wurde der Kristallograph Herbert O'Daniel gewählt, der die Gesellschaft mit Erfolg und Engagement für weitere fünf Jahre führte. Er war bereits seit 1961 im Vorstand als Schriftführer tätig.

142 Vgl. PB 1956–1969: Eintrag vom 25.11.1958, S. 15.

143 Vgl. Reichert, Klaus: Nachruf auf Helmut Viebrock. In: Sitzungsberichte der Wissenschaftlichen Gesellschaft an der Johann Wolfgang Goethe-Universität Frankfurt am Main Bd. XLVII, Nr. 2. Stuttgart 2009, S. 39–41.

144 Vgl. PB 1969–1974: Eintrag vom 23.10.1971, S. 85.

Nachdem er noch auf der Jahresabschlusssitzung im Dezember mit großer Mehrheit durch die Versammelten in seinem Amt bestätigt worden war,[145] verstarb O'Daniel überraschend im August 1977. Nach einer Neuwahl auf einer Mitgliederversammlung im Oktober 1977 übernahm der Chemiker Hermann Hartmann den Vorstandsvorsitz der Gesellschaft.[146]

Hartmann war ein Naturwissenschaftler von außergewöhnlich breiter Bildung, der jederzeit in den Diskurs mit Kollegen aus den Geisteswissenschaften eintreten konnte. Ab 1933 studierte er zunächst Chemie an der Technischen Hochschule München und wechselte dann an die Universität München, um dort sein Verbandsexamen, das später Diplom-Examen genannt wurde, abzulegen. Wegen persönlicher Differenzen mit seinem Doktorvater Klaus Clusius in München stellte er eine begonnene Dissertation auf dem Gebiet der physikalischen Chemie nicht fertig, sondern ging nach Frankfurt, um dort 1939 eine zweite Dissertation über Wasserstoffbrückenbindungen zu beginnen, die jedoch durch den Kriegsausbruch unterbrochen werden musste. Nach krankheitsbedingter Entlassung aus dem Wehrdienst stellt er die Doktorarbeit 1941 in Frankfurt fertig und trat zum Januar 1942 eine Assistentenstelle am physikalisch-chemischen Institut an. 1949 wurde er in Frankfurt außerordentlicher Professor. Da der dortige Lehrstuhl für Physikalische Chemie mit Alfred Magnus besetzt war, ging Hartmann Anfang der 1950er Jahre als Abteilungsleiter an das Max-Planck-Institut für Physikalische Chemie in Göttingen. Zum Sommer 1952 holte ihn dann die Universität Frankfurt in die Nachfolge Magnus' zurück. Ein wesentlicher Teil von Hartmanns Forschungsarbeit beschäftigte sich mit der Theoretischen Chemie, worunter vor allem die Anwendung quantenmechanischer Methoden und Denkweisen auf chemische Probleme zu verstehen ist. Daneben waren jedoch auch Spektroskopie sowie chemische Reaktionskinetik für ihn wichtige Arbeitsbereiche. Hartmann war Mitglied der Deutschen Akademie der Naturforscher Leopoldina und zahlreicher ausländischer Akademien, aber auch der Hessische Forschungsrat berief ihn 1966 in seine Reihen. Daneben war Hartmann zugleich zwischen 1955 und 1965 achtmal in Folge jeweils für ein Jahr von seinen Studenten als Vertrauensdozent ins Studentenparlament gewählt worden – ein Mann großer Gastfreundschaft, der viele Kontakte und Freunde hatte.[147]

145 Vgl. PB 1974–1981: Eintrag vom 11.12.1976, S. 98.

146 Vgl. ebd.: Eintrag vom 29.10.1977, S. 128.

147 Vgl. Becker, Friedrich: Nachruf auf Hermann Hartmann. In: Sitzungsberichte der Wissenschaftlichen Gesellschaft an der Johann Wolfgang Goethe-Universität Frankfurt am Main Bd. XXIII, Nr. 2. Stuttgart 1987, S. 39–44.

Die Wissenschaftliche Gesellschaft in den siebziger Jahren, ein Rückzugsraum in Zeiten unsteter politischer und hochschulpolitischer Verhältnisse

Die den 1968er-Jahren folgenden Unruhen und politischen Veränderungen an der Universität wurden in der Wissenschaftlichen Gesellschaft mit Sorge betrachtet und führten zu einer gewissen Distanzierung. Universitätsreformen und Studentenbewegung wurden von manchem als Bedrohung der Freiheit von Forschung und Lehre empfunden. Dies warf die Gesellschaft aber nicht aus der Bahn, im Gegenteil. Je weiter in diesen Jahren die Entwicklung der Hochschulen im Zuge der angestrebten Demokratisierung voranschritt, desto mehr entwickelte sich die Wissenschaftliche Gesellschaft zu einem akademischen Zufluchtsort. Demokratisierung wurde vom Vorstand auch als Politisierung wahrgenommen. In seinem ersten Jahresbericht als Präsident 1972 kritisierte O'Daniel die neuen Universitätsgesetze und zeichnete das Bild der Wissenschaftlichen Gesellschaft als einer Insel, auf der ihre Mitglieder nur das täten, wozu sie sich berufen fühlten – im Kreise weitgehend Gleichgesinnter Wissenschaft zu pflegen: „Eine Gesellschaft wie die unsrige gründet in der Überzeugung ihrer Mitglieder vom vorurteilsfreien Wert der Wissenschaften; diese wollen sie pflegen." Mit „tiefer Sorge" erfüllte ihn daher die weitere Entwicklung der „desolaten Verhältnisse" an den wissenschaftlichen Hochschulen, befürchtete er doch eine „Veränderung der Universitäten in weltanschaulich indoktrinierte Ausbildungsanstalten".[148] Die universitären Entwicklungen, namentlich der Versuch der Legislative, „aus dem Forscher und Lehrer einen Laufbahnbeamten zu machen" und die Universitäten von Bildungs- in Ausbildungsstätten zu verwandeln, wurden mit Sorge verfolgt.[149] Auch im Jahresbericht 1974 sprach Präsident O'Daniel noch weiterhin von einem „desolaten Zustand"[150] der Universitäten, deren Charakter, was die Zukunft auch bringen möge, „grundlegend verändert"[151] bleiben werde. Die tiefen Umstrukturierungen sollten noch bis in die 1980er Jahre hinein andauern.[152]

148 O'Daniel, Herbert: JB 1972, S. 1f.
149 Ders.: JB 1973, S. 1.
150 Ders.: JB 1974, S. 3.
151 Ebd. S. 4.
152 Vgl. Häuser, Karl: Nach dem Sturm. Von den siebziger in die achtziger Jahre. In: Bertram Schefold (Hrsg.): Wirtschafts- und Sozialwissenschaftler in Frankfurt am Main. Marburg 1989, S. 279–296.

Herbert O'Daniel

Die Veränderungen an den hessischen Universitäten ließen auch die Akademiefrage wieder aufleben. Ende Januar 1972 wurde im Vorstand ein Artikel des Vorsitzenden des kulturpolitischen Ausschusses der CDU im hessischen Landtag und stellvertretenden Fraktionssprechers, Dr. Christian Schwarz-Schilling, diskutiert. Schwarz-Schilling sprach sich darin dafür aus, neue Akademien einzurichten, um damit einen „Ausgleich für die rein quantitative Ausrichtung der normalen Hochschulen und den mit der Politisierung einhergehenden unverkennbaren Leistungsabfall" zu erreichen. Es sei notwendig, so Schwarz-Schilling weiter, für neue Einrichtungen zu sorgen, wo Forschung betrieben und jene wissenschaftlichen Höchstleistungen erbracht werden könnten, wie sie für den Fortschritt in der Gesellschaft unbedingt erforderlich seien, da die Hochschulen von Ausbildungsstätten für die wissenschaftliche Elite nach und nach zu Institutionen zur breiten wissenschaftlichen Berufsausbildung würden.[153] Viebrock, der mit Schwarz-Schilling bekannt war, wurde gebeten, ihn näher zu seinen diesbezüglichen Vorstellungen zu befragen.[154] Allerdings scheint dies zu keinen weiteren Entwicklungen in diese Richtung geführt haben. Auch in den späteren Jahrzehnten kam das Thema Akademiegründung, mit der sich die Wissenschaftliche Gesellschaft finanzielle und räumliche Konsolidierung sowie institutionelle Unabhängigkeit erhoffte, immer wieder auf die Tagesordnung – letztendlich ohne Erfolg.

Die Sorge um die Zukunft des akademischen Ausbildungswesens trieb auch noch den nächsten Präsidenten Hermann Hartmann um. Nach seiner Einschätzung wurden die Möglichkeiten zur Wissenschaftspflege in der Bundesrepublik und allgemein im freien Westeuropa weiter durch „Verstopfung von Stellen und durch Besetzung mit weniger geeigneten Personen, sowie durch ‚Gleichver-

153 Behr, Alfred: CDU will neue Akademien. In: Frankfurter Allgemeine Zeitung 30.12.1971, S. 26.

154 Vgl. PB 1969–1974: Eintrag vom 29.1.1972, S. 106f.

teilung' der Hilfsmittel für wissenschaftliche Arbeit" beschränkt, sodass die Bedeutung der Universität weiter reduziert werde.[155] Aus Gesprächen mit Mitgliedern hatte Hartmann erfahren, dass die Gesellschaft vielen inzwischen mehr noch als früher wie eine Insel erschien, wobei er das einst von seinem Vorgänger O'Daniel verwendete Bild aufgriff.[156]

Hermann Hartmann

Nicht unwichtig für die Wissenschaftliche Gesellschaft und ihre Wirkung nach außen waren auch „Veränderungen in der Einschätzung von Bildung im Bewußtsein der Bürgerschaft", wie Präsident Hartmann es formulierte: Mehr und mehr Personen werde inzwischen bewusst, wie die sogenannte Bildungsreform schließlich zu einer „unabsehbaren Bildungskatastrophe" geführt habe.[157] Dass die Gesellschaft von Außenstehenden in der Regel als Bestandteil der Universität wahrgenommen werde, sah er als Problem an: Dies könne letztlich zu der Auffassung führen, Einrichtungen der Universität müssten entsprechend auch ihr Analogon in der Wissenschaftlichen Gesellschaft haben. Mit der begrenzten Mitgliederzahl in der Satzung wäre das jedoch kaum zu vereinbaren.[158]

Zuwahlen in den Jahren 1971 und 1972

Die Frage der Zuwahl neuer Mitglieder bereitete allgemein Kopfzerbrechen, da es offenbar nicht genau vorhersehbar war, wie viele freie Plätze tatsächlich für ordentliche oder korrespondierende Mitglieder zur Verfügung standen. Das hatte vor allem mit säumigen Mitgliedern zu tun, deren Status ungeklärt war.

155 Hartmann, Hermann: JB 1979, S. 1.
156 Vgl. ders.: JB 1978, S. 1.
157 Ebd.
158 Vgl. ders.: JB 1983, S. 1.

Preiser schlug vor, zukünftig neben den schriftlichen auch telefonische Entschuldigungen für die Sitzungsteilnahme gelten zu lassen und diesbezüglich § 6 der Satzung zu ändern. Aber es blieb die Frage, wie mit kategorisch fehlenden Mitgliedern generell zu verfahren sei. Als Kompromiss wurde eine Übergangslösung gefunden, die eine strengere Kontrolle der An- und Abwesenheit bei Sitzungen und nach Semesterschluss einen brieflichen Hinweis an die unentschuldigt fehlenden Mitglieder auf § 6 der Satzung vorsah.[159] Die Plätze der aufgrund hohen Alters und damit verbundener gesundheitlicher Einschränkungen an der regelmäßigen Sitzungsteilnahme verhinderten inaktiven Mitglieder sollten – in Übereinstimmung mit der Satzung – zur Besetzung freigegeben werden. Zudem wurde eine Satzungskommission beauftragt, sich unter anderem mit der generellen Erhöhung der Zahl ordentlicher Mitglieder von 40 auf 60 zu befassen.[160]

Am 8. Mai 1971 erfolgte die Zuwahl von Jochen Bleicken (Althistoriker), Walter Rüegg (Altphilologie und Soziologie), Werner Thomas (Indogermanische Sprachwissenschaft), Friedrich Hermann Schubert (Mittlere und Neuere Geschichte) und Waldemar Wittmann (Wirtschaftswissenschaften) in die Gesellschaft.[161]

Wie schon seine Vorgänger auf dem Frankfurter Lehrstuhl für Alte Geschichte, Mathias Gelzer und Hermann Strasburger, war Jochen Bleicken (1926–2005) ein herausragender Kenner der Späten Republik, aber auch der frühen römischen Kaiserzeit. Schon als Gymnasiast von Mommsens Römischer Geschichte gepackt, nahm er nach 1948 in Kiel das Studium der Geschichte und der Klassischen Philologie auf. Das Wintersemester 1952/53 absolvierte er bei Gelzer in Frankfurt, der bleibenden Eindruck auf ihn machte. 1954 mit einer Arbeit über das Volkstribunal der klassischen Republik promoviert, bereiste er kurz darauf mit einem Stipendium des Deutschen Archäologischen Instituts den Mittelmeerraum, wobei ihn besonders die antiken Stätten Kleinasiens faszinierten. 1961 folgten die Habilitation und im Jahr darauf ein Ruf nach Hamburg, wo Bleicken von 1962 bis 1967 lehrte. Freundliche Aufnahme im Kollegium fand er, als er 1967 für zehn Jahre nach Frankfurt wechselte, wo er in Konrad Kraft und Mathias Gelzer interessierte Gesprächspartner fand. Seine offene liberale Haltung trug dazu bei, dass auch in der Zeit der Studentenrevolte im Seminar für Alte Geschichte auf Diskussion statt auf Konfrontation gesetzt wurde. Von Bleickens umfangreichem Werk sind vor allem die sehr erfolgreichen Studienbücher zur Verfassung und Sozialgeschichte der römischen Republik bzw. der Kaiserzeit hervorzuheben, nebst den späteren mehrfach aufgelegten Monogra-

159 Vgl. PB 1969–1974: Eintrag vom 17.2.1971, S. 51.
160 Vgl. ebd., S. 55.
161 Vgl. Viebrock, Helmut: JB 1971, S. 2.

phien über „Die athenische Demokratie“ sowie seine vielgerühmte Augustus-Biographie.[162]

Walter Rüegg (1918–2015) war der letzte Rektor (1965–1970) der Universität Frankfurt vor Einführung der Präsidialverfassung. Sein 1936 in Zürich aufgenommenes Studium der Klassischen Altertumswissenschaften und Philologie, das ihn auch nach Paris und Florenz führte, hatte er im Sommer 1944 mit der Promotion über „Cicero und der Humanismus, formale Untersuchungen über Petrarca und Erasmus“ abgeschlossen. Bis zur Habilitation 1950 arbeitete er zunächst als Gymnasiallehrer. Danach lehrte er als Privatdozent bis zu einer Titularprofessur 1959 an der Universität Zürich und wurde 1961 als ordentlicher Professor für Soziologie an die Universität Frankfurt berufen, deren Rektorat ihm in der entscheidenden zweiten Hälfte der 1960er Jahre anvertraut wurde. Darüber hinaus war Rüegg 1967/68 Präsident der Westdeutschen Rektorenkonferenz. Schwerpunkt der Forschungen Rüeggs waren die europäische Bildungsgeschichte, -soziologie und -politik, wovon unter anderem die von ihm herausgegebene vierbändige Geschichte der Universität in Europa zeugt.[163] Der Humanist und Soziologe Rüegg setzte sich energisch für eine Hochschulreform ein. In seinem Aufsatz „Die studentische Revolte gegen die bürgerliche Gesellschaft“ forderte er den Übergang zur Präsidialverfassung, die Umgestaltung der Fakultäten zu Fachbereichen, die stärkere Beteiligung promovierter Mitarbeiter, die stärkere Beteiligung der Studenten auf der Ebene der Fachgebiete sowie schließlich die Beschränkung der Zulassung von Studierenden. Das neue 1970 erlassene hessische Hochschulgesetz enthielt zwar viele Bestimmungen, für die er sich selbst verwendet hatte, gleichzeitig aber auch viele weitere, die er ablehnte. Daher trat er unter Protest von seinem Amt zurück. Nach einem Kuraufenthalt und einer Übergangsperiode wich er 1973 nach Bern aus, wo er bis zu seiner Emeritierung 1982 lehrte.

Werner Thomas (1923–2008) studierte nach seiner Entlassung aus dem Heeresdienst – er war schwer verwundet worden – ab dem Wintersemester 1944/45 an der Universität Göttingen Indogermanische Sprachwissenschaft mit den Schwerpunkten des Indischen, Keltischen und Tocharischen. Daneben befasste er sich aber auch mit nichtindogermanischen Sprachen wie Sumerisch, Akkadisch, Finnisch und Tibetisch. Der Kontakt mit Emil Sieg, dem Entzifferer des Tocharischen und Wegbereiter der Tocharologie, prägte Thomas‘ wissenschaftliche Laufbahn entscheidend. Fortan widmete er seine Hauptarbeitskraft ganz der weiteren Durchdringung dieses Forschungsgebietes. Seine Dissertation, mit der er 1952 in Göttingen promoviert wurde, trug den Titel „Die tochari-

162 Vgl. Radnoti-Alföldi, Maria: Nachruf auf Jochen Bleicken. In: Sitzungsberichte der Wissenschaftlichen Gesellschaft an der Johann Wolfgang Goethe-Universität Frankfurt am Main Bd. XLVII, Nr. 2. Stuttgart 2009, S. 31–38.

163 Vgl. Schefold, Bertram: Nachruf auf Walter Rüegg. In: Sitzungsberichte der Wissenschaftlichen Gesellschaft an der Johann Wolfgang Goethe-Universität Frankfurt am Main Bd. LVII, Nr. 5. Stuttgart 2020, S. 41–58.

schen Verbaladjektive auf -l". Die Habilitationsschrift von 1956 „Der Gebrauch der Vergangenheitstempora im Tocharischen" für das Fach Indogermanische Sprachwissenschaft wies ihn als hervorragenden Kenner des tocharischen Tempussystems sowie der Tempustheorie des Indogermanischen im Allgemeinen aus. Nach einigen Jahren als Privatdozent in Göttingen erhielt Thomas Ende 1959 den Ruf an die Universität Frankfurt, an der er bis zu seiner Emeritierung blieb und an der er das gesamte Spektrum indogermanischer Sprachen lehrte, während er sich weiter der Erforschung des Tocharischen widmete. Unter den Mitgliedern der Wissenschaftlichen Gesellschaft nimmt er eine besondere Rolle ein, da er – seit 1976 im Vorstand – von 1984 an bis zu seinem Tod für beinahe ein Vierteljahrhundert deren Vorstandsvorsitz übernehmen und sie zu glücklicher Entwicklung führen sollte.[164]

Friedrich Hermann Schubert (1925–1973) gehört zu den Wiederentdeckern des älteren deutschen Reichstags als gewichtiger Institution im europäischen Umfeld und auch des Werkes des calvinistischen Staatstheoretikers Johannes Althusius. Wie sein Lehrer Franz Schnabel war er ein Vertreter des deutschen Neuhumanismus. Er studierte ab 1946 Geschichte und Volkswirtschaft an der Universität München. 1952 wurde er mit einer Studie über Ludwig Camerarius, einen kurpfälzischen Politiker aus der Zeit des Dreißigjährigen Krieges, promoviert. Darauf aufbauend erschien 1955 sein umfangreiches Werk „Ludwig Camerarius, 1573–1651". Eine weitere und spätere Biographie über „Die Deutschen Reichstage in der Staatslehre der frühen Neuzeit" hat ihre Ursprünge ebenfalls in München. 1959 wurde er in München für Mittlere und Neuere Geschichte habilitiert und war ab 1961 außerordentliches und 1965 ordentliches Mitglied der Historischen Kommission der Bayerischen Akademie der Wissenschaften. Von 1963 bis 1967 war er ordentlicher Professor in Kiel, ab 1971 in Frankfurt am Main. Schubert suchte die Wirkungskraft der Geschichtswissenschaft nach innen und außen zu verstärken. Er regte den „Frankfurter Kreis für historische Forschungen" an, der darauf abzielte, in Kreisen von Wirtschaft, Presse und Öffentlichkeit für den Sinn geschichtlichen Denkens zu werben. Schubert galt als liberaler Hochschullehrer konservativer Prägung und war Mitglied im Ständigen Ausschuss für Studienangelegenheiten, einem der vier Beratungs- und Beschlussgremien des Präsidenten. Ab 1969 sah er sich heftigen Attacken von Agitatoren der „Roten Zellen" und einer neomarxistischen „Basisgruppe Geschichte" ausgesetzt, die seine Unterrichtsveranstaltungen störten, bis hin zu Beleidigungen und körperlichen Angriffen. Gegen diese versuchte er sich juris-

164 Vgl. Jungraithmayr, Herrmann u. Kosta, Peter: Nachruf auf Werner Thomas. In: Sitzungsberichte der Wissenschaftlichen Gesellschaft an der Johann Wolfgang Goethe-Universität Frankfurt am Main Bd. XLVII, Nr. 2. Stuttgart 2009, S. 7–11.

tisch zu wehren. Am Ende einer hektischen Woche mit einer turbulenten Fachbereichskonferenz als damaliger Dekan nahm er sich 1973 das Leben.[165]

Der Wirtschaftswissenschaftler Waldemar Wittmann (1925–1988) hatte seit 1949 in Frankfurt studiert und bereits 1952 das Diplom abgelegt. 1954 folgte mit der Dissertation „Die Leistungsfähigkeit des Wertbegriffes in der Betriebswirtschaftslehre" die Promotion und wiederum drei Jahre später die Habilitation für Betriebswirtschaftslehre. Ein Jahr darauf wurde Wittmann auf ein Extraordinariat der Universität des Saarlandes und nach weiteren drei Jahren auf eine ordentliche Professur der Universität Heidelberg berufen, wo er sich rasch wissenschaftliche Reputation und persönliches Ansehen erwarb. Nach einer Gastprofessur an der Harvard-Universität kehrte er 1966 an seine Frankfurter *alma mater* zurück, der er bis zu seiner Emeritierung 1988 auf dem Lehrstuhl für Unternehmensforschung die Treue hielt. Wittmann trug zur Einführung der Aktivitätsanalyse in die deutsche Betriebswirtschaftslehre bei, war gefragter Herausgeber und Mitherausgeber von Zeitschriften, Handwörterbüchern und Sammelwerken. Ebenso konsultierte die Deutsche Forschungsgemeinschaft den Ehrendoktor der wirtschaftswissenschaftlichen Fakultäten der Universitäten Tübingen und Köln häufig als Gutachter. Zudem war er Mitbegründer des Bundes Freiheit der Wissenschaft.[166]

Auf einer Mitgliederversammlung im Februar 1972 wurden der Archäologe Werner Krämer, der Zoologe und Bienenforscher Martin Lindauer, der Dermatologe Theodor Nasemann und der Biochemiker Adolf Wacker zu ordentlichen Mitgliedern gewählt.[167]

Werner Krämer (1917–2007) begann in Frankfurt Klassische Archäologie zu studieren, wechselte dann aber Studienort und Studienfach und studierte ab 1936 in München Geschichte, Volkskunde sowie Vor- und Frühgeschichte. Seine Dissertation „Die Grabfunde der Latènezeit in Südbayern", ein Thema zur Archäologie der Kelten, musste bei Kriegsausbruch 1939 abrupt unterbrochen werden und konnte erst nach seiner Rückkehr aus amerikanischer Gefangenschaft, im Mai 1947 beendet werden. Immerhin hatte Krämer schon während eines Lazarettaufenthalts in München im Frühling 1943 anhand des Materialkatalogs der Arbeit wenigstens die mündliche Doktorprüfung ablegen können. Da

165 Vgl. Radnoti-Alföldi, Maria: Nachruf auf Friedrich Hermann Schubert. Lebensdaten. In: Sitzungsberichte der Wissenschaftlichen Gesellschaft an der Johann Wolfgang Goethe-Universität Frankfurt am Main Bd. XII, Nr. 4. Wiesbaden 1975, S. 143; Vossler, Otto: Nachruf auf Friedrich Hermann Schubert. Das wissenschaftliche Werk. In: Sitzungsberichte der Wissenschaftlichen Gesellschaft an der Johann Wolfgang Goethe-Universität Frankfurt am Main Bd. XII, Nr. 4. Wiesbaden 1975, S. 144–149. Vgl. auch: Rebentisch, Dieter: Schubert, Friedrich Hermann. In: Frankfurter Personenlexikon (Onlineausgabe). URL: https://frankfurter-personenlexikon.de/node/8976 zuletzt geändert am 24.7.2015, abgerufen am 27.5.2022.

166 Vgl. Häuser, Karl: Nachruf auf Waldemar Wittmann. In: Sitzungsberichte der Wissenschaftlichen Gesellschaft an der Johann Wolfgang Goethe-Universität Frankfurt am Main Bd. XXVIII, Nr. 6. Stuttgart 1992, S. 47–50.

167 Vgl. PB 1969–1974: Eintrag vom 12.2.1972, S. 113f.

der Leiter der Archäologischen Denkmalpflege in Bayern, Karl Heinz Wagner – ein früherer Mentor – im Krieg gefallen war, betraute man den gerade 30-jährigen Krämer mit dem Wiederaufbau dieses Amts, dem er unter schwierigen Bedingungen bis 1956 nachging. Ein Höhepunkt dieser Zeit waren die 1955 – mit Mitteln der US-Luftwaffe – begonnenen ausgedehnten Probegrabungen im ca. 380 ha großen keltischen Oppidum von Manching nahe Ingolstadt, in dessen Bereich der kriegszerstörte Militärflugplatz wiederaufgebaut werden sollte. Die dortigen archäologischen Untersuchungen trugen bis 2017 Früchte in Form einer 21-bändigen Monographienreihe „Die Ausgrabungen von Manching". Manching gilt heute als besterforschtes Oppidum der sich von den Britischen Inseln bis zum Balkan erstreckenden keltischen Welt. So verwundert es kaum, dass Krämer von 1956 bis 1972 zudem Erster Direktor der Römisch-Germanischen Kommission des Deutschen Archäologischen Instituts in Frankfurt und von 1972 bis 1980 Präsident des Deutschen Archäologischen Instituts war.[168]

Martin Lindauer (1918–2008), einer der Pioniere der Verhaltensphysiologie und experimentellen Soziobiologie, begann noch während des Kriegs, infolge einer schweren Verwundung freigestellt, in München Vorlesungen des Zoologen und späteren Nobelpreisträgers Karl von Frisch zu hören, woraufhin er sich dazu entschloss, Biologie zu studieren. 1948 wurde Lindauer mit einer Dissertation über die Einwirkung von Duftstoffen und Geschmacksstoffen auf den Schwänzeltanz der Bienen promoviert. Diese Tanzbewegungen führt eine Futtersammlerin aus, um anderen Bienen Richtung und Entfernung einer neu entdeckten ergiebigen Futterquelle anzuzeigen. Während er alle Nuancen der Duft- und Geschmacksvariationen austestete, fiel Lindauer auf, dass es vornehmlich Wetterverhältnisse, Futterfluss und Futterbedarf im Bienenvolk sind, die das Tanzverhalten beeinflussen. 1955 habilitierte er sich in München und blieb dort einige Jahre als außerordentlicher Professor, bevor er 1963 nach Frankfurt kam. Die Erkenntnisse, die er zusammen mit Karl von Frisch auf dem Gebiet der Verhaltensbiologie der Honigbienen, ihrer Verständigungs- und Orientierungsmethoden gewann, gelten als bahnbrechend. Entsprechend groß war die Zahl seiner Auszeichnungen, Ehrungen und Ehrendoktorwürden.[169] Das Frankfurter Schicksal Martin Lindauers war nicht untypisch für die Übergangszeit der 1960er und 1970er Jahre. Der hochdekorierte Ordinarius erhielt zahlreiche Rufe und Anfragen von nationalen und internationalen Universitäten, unter anderem von der Harvard Universität, die er alle ablehnte, um die für sich günstigen wissenschaftlichen Rahmenbedingungen in Frankfurt weiter nutzen zu können. Nach Absage des Rufs an die Universität Konstanz 1966 veranstalte-

168 Vgl. Schnurbein, Siegmar von: Nachruf auf Werner Krämer. In: Sitzungsberichte der Wissenschaftlichen Gesellschaft an der Johann Wolfgang Goethe-Universität Frankfurt am Main Bd. XLVI, Nr. 1. Stuttgart 2008, S. 55–59.

169 Vgl. Hölldobler, Bert: Nachruf auf Martin Lindauer. In: Sitzungsberichte der Wissenschaftlichen Gesellschaft an der Johann Wolfgang Goethe-Universität Frankfurt am Main Bd. XLVII, Nr. 2. Stuttgart 2009, S. 25–29.

ten Studenten zu seinen Ehren einen Fackelzug. Für Lindauer verdunkelte sich der Frankfurter Himmel aber mit den gegen Ende der 1960er Jahre zunehmenden Studentenunruhen und schließlich – mit Einführung des neuen hessischen Hochschulgesetzes – der Auflösung der Fakultät und des Zoologischen Instituts. Der Entzug des Verfügungsrechts über die früher bewilligten Personalstellen und Sachmittel veranlasste ihn zur Flucht in das bayerische Würzburg, wo er 1973 den Lehrstuhl für Zoologie und vergleichende Physiologie übernahm, den er bis zu seiner Emeritierung im Jahr 1987 innehatte.[170]

Der Dermatologe Theodor Nasemann (1923–2020) hatte nach Kriegsende mit dem Medizinstudium in Hamburg begonnen, das er 1950 mit einem bravourösen Examen und im gleichen Jahr noch mit der Promotion über „Die Wirkung verschiedener Substanzen auf die Erregungsleitung in isolierten, motorischen Froschnerven" abschloss. Es folgte eine Tätigkeit an der Dermatologischen Universitätsklinik Hamburg sowie in der Virus-Abteilung des Instituts für Tropenmedizin Hamburg. 1952 wurde Nasemann wissenschaftlicher Assistent an der Dermatologischen Universitätsklinik München, wo er sich 1956 bei Alfred Marchionini habilitierte, um anschließend bis zu Marchioninis Tod 1966 dessen Oberarzt zu bleiben. Drei Jahre später erhielt er den Ruf auf den Lehrstuhl für Dermatologie an der Universität Frankfurt. Zudem leitete er von 1969 bis 1988 die Dermatologie sowohl der Frankfurter als auch der Hamburger Universitätsklinik. Daneben schrieb und veröffentlichte Nasemann als Mitglied des Verbandes der Deutschen Schriftstellerärzte umfangreiche Prosa und war seit 1984 auch Mitglied der Leopoldina.[171]

Adolf Wacker (1919–1984) studierte ab 1939 Chemie an der Universität Heidelberg, doch unterbrach der Kriegsdienst das Studium, sodass er es erst 1950 mit einer Dissertation über das Thema „Chemische und mikrobiologische Untersuchungen über Folinsäure" beenden konnte. Man kann sagen, dass er bis zu seinem letzten Atemzug in all seinen Forschungstätigkeiten an dieser Problemstellung festgehalten hat. 1953 folgte er seinem Lehrmeister Friedrich Weygand als Assistent nach Tübingen, wo er sich im gleichen Jahr für die Fächer Organische Chemie und Biochemie habilitierte. 1955 ging er als Privatdozent mit Weygand nach Berlin. 1959 nahm er den Ruf der Goethe-Universität als ordentlicher Professor an das neu zu errichtende Institut für Therapeutische Biochemie der Medizinischen Fakultät an, dessen Gestaltung und Organisation er bis zu dessen Realisierung 1963 maßstabsetzend prägte. Das Institut sollte ein Anziehungspunkt für namhafte Biochemiker und Mikrobiologen des In- und Auslands werden. Höhepunkt seiner Forschertätigkeit wurde Wackers erstmaliger Nachweis kovalent verknüpfter Thymin-Dimere in der DNS von Mikroorganismen, die ultraviolettem Licht ausgesetzt waren. Da die Dimerenbildung des

170 Vgl. Hammerstein, Notker: Die Johann Wolfgang Goethe-Universität Frankfurt am Main. Bd. II: Nachkriegszeit und Bundesrepublik 1945–1972. Göttingen 2012, S. 509–517.

171 Vgl. Hoelzer, Dieter: Nachruf auf Theodor Rudolf Karl Nasemann. URL: https://www.uni-frankfurt.de/57257073/Nachrufe abgerufen am 1.9.2021.

Thymins mit der zellabtötenden Wirkung der UV-Strahlung einherging, wurde dieser photochemische Mechanismus in vielen Fachkreisen zur Interpretation der sogenannten photodynamischen Effekte herangezogen, was Wacker den überzeugenden Durchbruch und zahlreiche Einladungen in die bedeutendsten Forschungszentren seines Fachs einbrachte. Darüber hinaus war Wacker bis zu seinem plötzlichen Tod lange Jahre erfolgreich wirtschaftender Schatzmeister der Wissenschaftlichen Gesellschaft.[172]

Verhandlungen um Fördergelder und eigene Räume im Kettenhofweg 135

In den vergangenen Jahren waren die Rücklagen des Gesellschaftsvermögens stark beansprucht worden, besonders durch die Förderung von Forschungsprojekten einzelner Mitglieder und die Drucklegung allein im Jahr 1970 von nicht weniger als 14 Veröffentlichungen im Rahmen der Sitzungsberichte. Nach dem Wegfall der finanziellen Unterstützung nun auch des Landes Hessen war es notwendig geworden, sich nach weiteren Förderern umzusehen.[173] Die kontinuierlich mit Stadt und Land geführten Sondierungen waren dabei teils von Erfolg gekrönt: Zwar hatte die Stadtverwaltung für den Druck der Frankfurter Wissenschaftlichen Beiträge 1970 immerhin 10.000 DM überwiesen – eine „reine Abschlagszahlung“ für die seit 1967 nicht mehr geleisteten Beiträge über jeweils 3.000 DM zur Herausgabe der Reihe, wie das Protokollbuch vermerkt.[174] Die Stadt wollte ihre Hauptbemühungen um die Gesellschaft aber auf die Beschaffung der dringend benötigten Räumlichkeiten beschränkt sehen.[175] Tatsächlich konnten der Gesellschaft in einem von beiden Parteien als glücklich empfundenen Tauschgeschäft zwei große, geeignet erscheinende Räume im 1. Stock des Gebäudes Kettenhofweg 135 – universitätsnah und schräg gegenüber dem Senckenberg-Museum – kostenlos zur Verfügung gestellt werden. Dessen Mietvertrag war durch die Universität seit 20 Jahren in regelmäßigen Abständen automatisch verlängert worden. Die Räumlichkeiten wurden entsprechend

172 Vgl. Wilk, Manfred: Nachruf auf Adolf Wacker. In: Sitzungsberichte der Wissenschaftlichen Gesellschaft an der Johann Wolfgang Goethe-Universität Frankfurt am Main Bd. XXIII, Nr. 2. Stuttgart 1987, S. 35–38.

173 Nach dem Ausscheiden des Ministerpräsidenten hatte die Förderung der Gesellschaft durch das Land Hessen 1970 lediglich 10.000 DM betragen, 1971 blieb sie gänzlich aus. Vgl. Viebrock, Helmut: JB 1971, S. 4.

174 PB 1969–1974: Eintrag vom 17.2.1971, S. 52.

175 Vgl. Rajewsky, Boris: JB 1970, S. 6.

ausgestattet.[176] Ein insgesamt folgenloser Einbruch[177] hatte weitere Schritte zur Sicherung der Räume zur Folge.[178]

Präsident Helmut Viebrock bezeichnete das Jahr 1971 in seinem Abschlussbericht nicht ohne Grund insofern als Übergangsphase, als dass zwar die wissenschaftliche Tätigkeit der Gesellschaft wie gewohnt in Form von Vorträgen und Publikationen aufrechterhalten werden konnte, ihre Förderung aus öffentlicher Hand jedoch derjenigen durch private Förderer wich, ja, im Prinzip weichen musste.[179] Da Gelder des Landes Hessen bislang immer dank der guten persönlichen Beziehungen zum Ministerpräsidenten Georg-August Zinn gewährt worden waren, schien nach dem Wechsel im Amt eine erste Kontaktaufnahme mit dessen Nachfolger Albert Osswald notwendig. Von einer Fühlungnahme in dieser Frage mit dem neuen Universitätspräsidenten Erhard Kantzenbach – allein schon wegen möglicher Rückfragen – sah man aber aufgrund der „ungeklärten Verhältnisse zur Universität“[180] ab.

Gespräche des Präsidenten der Gesellschaft mit Vertretern der Wirtschaft förderten ein weiteres Problem der Wissenschaftlichen Gesellschaft zutage – ihr allzu zurückhaltendes Auftreten in der Öffentlichkeit. Es stellte sich heraus, dass Förderer und private Geldgeber primär an zwei Fragen interessiert waren: Über welche Finanzierungsmöglichkeiten verfügt die Gesellschaft selbst und wie weit wirkt sie in die Öffentlichkeit hinein? Es lag auf der Hand, dass die Investoren „ganz offensichtlich an Reklame für sich selbst“ interessiert waren,[181] die Möglichkeiten der Wissenschaftlichen Gesellschaft zur Bereitstellung solcher Werbung jedoch recht begrenzt erschienen, nicht zuletzt, weil sie an einer Universität angesiedelt war, deren neues Rektorat ihr just zugewiesene angemessene Räume mutwillig wieder entzogen hatte, in einer Stadt, die weder die von der Gesellschaft betreute eigene Schriftenreihe noch andere gesellschaftsinterne Publikationen in ausreichendem Umfang zu unterstützen bereit war und deren Magistrat zudem gegen die Umwandlung in eine Akademie votiert hatte, in einem Land schließlich, das sich wirtschaftlich – man denke hierbei auch an die im Herbst 1973 einsetzende Ölkrise – ebenfalls nicht mehr länger in der Lage sah, genügend finanzielle Mittel zur Umwandlung in eine Hessische Akademie der Wissenschaften bereitzustellen.

Als sich der neue Präsident Herbert O'Daniel, Schatzmeister Wilhelm Krücke und Wolfgang Preiser mit Direktor Friedrich Sperl und Vorstandsmitglied Heinz Scherf von der Vereinigung der Freunde und Förderer der Goethe-Uni-

176 Vgl. PB 1969–1974: Eintrag vom 6.5.1972, S. 124.

177 Da dabei auch die Geschäftsstelle der Gesellschaft durchwühlt und ein Schrank aufgebrochen worden war, befürchtete man im Vorstand zunächst, es seien auch Akten entwendet worden. Dieser Verdacht bestätigte sich bei einer Überprüfung jedoch nicht. Vgl. PB 1969–1974: Eintrag vom 30.11.1971, S. 93.

178 Vgl. Viebrock, Helmut: JB 1971, S. 3.

179 Ebd., S. 1.

180 PB 1969–1974: Eintrag vom 17.2.1971, S. 53.

181 Ebd.: Eintrag vom 8.3.1971, S. 60.

versität in Verbindung setzten, gewannen sie den Eindruck, dass Herr Scherf vor dem Gespräch nicht einmal vom Bestehen der Wissenschaftlichen Gesellschaft gewusst hatte, was jedoch dessen Hilfsbereitschaft bei der Vermittlung von Kontakten zur Wirtschaft keineswegs schmälerte. Beiden Herren sollten dann auch eine Reihe von Publikationen der Gesellschaft zugestellt werden, und sie wurden zu Sitzungen der Gesellschaft eingeladen.[182] Die Freunde und Förderer deuteten zugleich an, dass Frankfurter Wirtschaftskreise nach wie vor Wert auf die Verbindung zu „ihrer" Universität legten, weshalb im Vorstand Anfang April diskutiert und beschlossen wurde, vorerst nur Frankfurter und keine auswärtigen Kollegen hinzuzuwählen.[183] Auch die „namentliche und räumliche Loslösung" der Wissenschaftlichen Gesellschaft von der Universität durch Namens- und Satzungsänderung, wie sie nach den Differenzen der letzten Jahre zeitweise erwogen worden war, war damit erst einmal vom Tisch. Neugewonnene private Förderer, wie das Institut für Gemeinwohl, die Degussa, die Metallgesellschaft, die Firma Nestlé, der Unternehmer Ernst Alfred Teves, der Manager Erich Vierhub und die Lerchesberg Grundstücks-Gesellschaft, griffen der Gesellschaft unter die Arme.[184] Die Verausgabung dieser Geldmittel zur Anmietung zeitlich nicht voll ausgenutzter neuer Räumlichkeiten im Rahmen einer Akademiegründung erschien als höchst unwirtschaftlich und wäre von den Förderern wohl nicht begrüßt worden. Dies galt auch für die Loslösung des Namens der Gesellschaft von der Universität.[185]

Obgleich der Ausfall an Mitteln durch das Ausscheiden von Stadt und Land durch die privaten Spender hatte aufgefangen werden können, wurden 1971 keine Mittel mehr zur Förderung größerer Forschungsprojekte vergeben. Es sollten zunächst neue Rücklagen gebildet werden. Denn was aus den Erträgen des Gesellschaftsvermögens erwirtschaftet wurde, reichte am Ende nicht über die Deckung der Kosten für den Druck der Schriftenreihen und die Geschäftsführung hinaus.[186]

Weitere Bitten an private Förderer um Spenden zur Deckung der Ausfälle von staatlicher und städtischer Seite blieben an der Tagesordnung. Die Zinserträge des Vermögens konnten die finanzielle Sicherung der wissenschaftlichen Unternehmungen der Gesellschaft nicht gewährleisten. Da waren die laufenden Kosten für die Geschäftsstelle von jährlich weniger als 10.000 DM, aber vor allem die Drucklegung der Sitzungsberichte, das Aushängeschild der Gesellschaft, die jährlich allein pro Heft 5–6.000 DM erforderten.[187] In den Jahren 1971 bis 1973 waren der Wissenschaftlichen Gesellschaft Stiftungen in Höhe von immerhin insgesamt 60.000 DM zugekommen – hervor tat sich die Georg

182 Vgl. ebd.: Eintrag vom 6.4.1971, S. 65.
183 Ebd., S. 63.
184 Vgl. O'Daniel, Herbert: JB 1976, S. 3.
185 Viebrock, Helmut: JB 1971, S. 4.
186 Vgl. ebd., S. 5f.
187 O'Daniel, Herbert: JB 1972, S. 3f.

und Franziska Speyersche Hochschulstiftung mit 10.000 DM. Schatzmeister Adolf Wacker kritisierte allerdings auf einer Vorstandssitzung im April 1973 die für denselben Zeitraum durch den Vorstand vernachlässigte Pflege des in 35 Einzelposten angelegten Gesellschaftsvermögens, das eine negative Entwicklung genommen hatte und forderte eine schnelle Bereinigung und Neuverteilung zu drei Vierteln in festverzinslichen Werten und zu einem Viertel in Aktien. Auf diese Weise, so meinte Wacker, könnten jährlich etwa 50.000 DM erwirtschaftet werden, wofür der Vorstand ihm volle Handlungsfreiheit zusicherte.[188]

Die materielle Existenz der Gesellschaft zu sichern, war eines der Hauptanliegen O'Daniels als Präsident.[189] Deshalb wurde im Vorstand im Dezember 1972 beschlossen, in die Satzung einen entsprechenden Paragraphen hinsichtlich fördernder Mitglieder einzufügen, welche als Gäste zu den Vortragssitzungen eingeladen wurden.[190] Die Ölkrise erleichterte es freilich nicht, neugewonnene Förderer zu längerfristigen Zusagen zu bewegen. Allerdings waren die Zinserträge damals beachtlich und verlangten, wiederum zinsträchtig angelegt zu werden. Bei weiter eingehenden Spenden und zu diesem Zweck neugebildeten Rücklagen sollte genügend Spielraum bleiben für die regelmäßige Drucklegung der Sitzungsberichte. Insgesamt gab es Anlass, optimistisch in die Zukunft zu blicken, immer unter der Voraussetzung, dass die von der Universität kostenlos zur Verfügung gestellten Räume im Kettenhofweg erhalten bleiben würden.[191]

Generell war der Vermögensstand der Gesellschaft einer erheblichen Fluktuation unterworfen. Verursacht wurde dies unter anderem durch die unregelmäßigen Zuschüsse von Stadt und Land und durch Wechsel bei den Förderern. Dies wird reflektiert durch zahlreiche Einträge, in denen die finanzielle Situation immer wieder angesprochen wird.

1975 konnten neben dem Druck der Sitzungsberichte, abgesehen von Zuschüssen zu Forschungsreisen, kaum Mittel zur Förderung wissenschaftlicher Vorhaben bereitgestellt werden, was auch mit den „zunehmend spärlich" fließenden Beiträgen von Förderern zusammenhing. Zwar hielten die Herren Oswalt und Teves sowie die Nestlé-Gruppe und das Institut für Gemeinwohl der Gesellschaft weiter die Treue, doch konnten weder die Vereinigung der Freunde und Förderer der Goethe-Universität für eine laufende Förderung gewonnen, noch der Bankier Freiherr von Bethmann zu Zugeständnissen irgendeiner Form bewegt werden. Die Deutsche Forschungsgemeinschaft wiederum knüpfte die Bewilligung von Mitteln an eine Manuskriptlänge von mehr als 160 Seiten. Die Stadt Frankfurt hatte über ihre Beitragszahlung von 3.000 DM für die Frankfur-

188 Vgl. PB 1969–1974: Eintrag vom 6.4.1973, S. 157ff.
189 Vgl. Buck, August: Nachruf auf Herbert O'Daniel. In: Sitzungsberichte der Wissenschaftlichen Gesellschaft an der Johann Wolfgang Goethe-Universität Frankfurt am Main Bd. XVII, Nr. 2. Stuttgart 1980, S. 17–19.
190 Vgl. O'Daniel, Herbert: JB 1972, S. 5f.
191 Vgl. ders.: JB 1973, S. 6f.

ter Wissenschaftlichen Beiträge hinaus nichts überwiesen.[192] Doch bald ließ der vorsichtige Umgang mit den in den letzten Jahren gebildeten Rücklagen erneut über die gezielte Förderung einzelner Forschungsprojekte nachdenken, wie sie früher, als die Gesellschaft noch von Stadt und Land unterstützt wurde, parallel zum Druck der Sitzungsberichte möglich gewesen war.[193]

Im Januar 1974 wurden die Förderer August Oswalt und Heinz Scherf aufgrund ihrer Verdienste um die Wissenschaftliche Gesellschaft zu Ehrenmitgliedern ernannt.[194]

Auch das politische Umfeld spielte eine Rolle. Zu den Neujahrsempfängen der Stadt Frankfurt am Main und des Konsularischen Korps war die Wissenschaftliche Gesellschaft nicht eingeladen worden; offensichtlich war man für die Stadt eine „quantité négligeable“[195], wie Präsident O'Daniel in einer Vortragssitzung im Februar bemerkte. Allerdings konnte bei den Kommunalwahlen im März 1977 die CDU im seit Kriegsende sozialdemokratisch regierten Frankfurt einen Erdrutschsieg einfahren. Die Stadt Frankfurt zeigte wieder vermehrtes Interesse an ihrer eigenen Schriftenreihe, den Frankfurter Wissenschaftlichen Beiträgen, und die Bereitschaft zur finanziellen Unterstützung weiterer Aktivitäten der Gesellschaft.[196] In der Folge gewährte das Amt für Wissenschaft und Kunst des Magistrats der Stadt in Erinnerung an den Ende der 1930er Jahre mit der Gesellschaft geschlossenen Vertrag im Herbst einen Jahreszuschuss von 15.000 DM für die Wiederbelebung der Frankfurter Wissenschaftlichen Beiträge. Im Redaktionskollegium sollte die Stadt durch zwei Vertreter mitwirken. Zur Vorbereitung der Einrichtung dieses Kollegiums plante man, mit Oberbürgermeister Walter Wallmann in Verbindung zu treten.[197] Bald war die Gesellschaft finanziell wieder recht gut aufgestellt und konnte für das Jahr 1976 einen jährlichen Zuwachs von rund 40.000 DM erwirtschaften.[198].

Publikationswesen

Die Gesellschaft war dennoch unzufrieden mit der Unterstützung durch die Stadt Frankfurt am Main. Im Vorstand wurde ernsthaft erwogen, den seit 1938 bestehenden Vertrag mit der Stadt Frankfurt über die Betreuung und Herausgabe der Frankfurter Wissenschaftlichen Beiträge zu lösen. Hintergrund dieser Überlegungen war die Beobachtung, dass die Mittel, die im Haushalt der Stadt unter dem Verweis „Wissenschaftliche Gesellschaft“ bzw. „für Frankfur-

192 Ders.: JB 1975, S. 7f.
193 Vgl. ders.: JB 1976, S. 7.
194 Vgl. PB 1969–1974: Eintrag vom 12.1.1974, S. 188f.
195 PB 1974–1981: Eintrag vom 5.2.1977, S. 103.
196 Vgl. ebd.: Eintrag vom 28.10.1978, S. 162.
197 Vgl. ebd.: Eintrag vom 26.11.1977, S. 133.
198 Ebd.: Eintrag vom 19.2.1977, S. 107.

ter Wissenschaftliche Beiträge" aufgeführt würden, nicht der Gesellschaft zuflössen. Das sei nicht verwunderlich, angesichts des ständigen Wechsels an der Spitze der letzten Endes dafür verantwortlichen Stadtkämmerei, kommentierte der Präsident. Unter der Voraussetzung, dass jährlich nur 3.000 DM eingingen, würde ein neuer Band sechs bis sieben Jahre – bei zunehmender Inflation noch länger – auf sich warten lassen müssen, sodass man lieber die Schriften der Wissenschaftlichen Gesellschaft wiederbeleben wollte.[199] Auf einer Mitgliederversammlung vom Dezember 1972 wurde der Vorstand ohne Gegenstimme von den Mitgliedern damit beauftragt, an die Stadt heranzutreten, um die Reihe zu kündigen.[200]

Nachdem 1973 nur ein einziger Band der Sitzungsberichte erschienen war, waren es 1974 immerhin wieder derer sechs – eine ordentliche Steigerung. Für 1975 sollte zudem der erste Nachruf-Band herausgegeben werden. Dankbare Empfänger dieser Schriften und Austauschpartner der Wissenschaftlichen Gesellschaft waren zu diesem Zeitpunkt die Bibliotheken der Akademie der Wissenschaften in Göttingen, der Akademie der Wissenschaften und Literatur in Mainz, der Bayerischen Akademie der Wissenschaften in München, der Heidelberger Akademie der Wissenschaften, der Deutschen Akademie der Naturforscher Leopoldina in Halle, der *Académie Serbe des Sciences et des Arts* in Belgrad und alsbald auch der Rheinisch-Westfälischen Akademie der Wissenschaften in Düsseldorf.[201] Der Kreis der Bibliotheken, mit denen sich die Wissenschaftliche Gesellschaft in Schriftenaustausch befand, konnte bald noch um die Österreichische Akademie der Wissenschaften in Wien und die Königliche Akademie der Wissenschaften in Amsterdam erweitert werden.[202]

Zuwahlen in den Jahren 1973–1978

Um die personelle Struktur und die daraus resultierende geistige Physiognomie der Gesellschaft bemüht, legte O'Daniel besonderen Wert darauf, dass man bei den Vorschlägen für neue Zuwahlen auf eine möglichst große Ausgewogenheit innerhalb der Gesellschaft als interdisziplinärer Begegnungsstätte achtete[203] und weiterhin Mitglieder aus ganz Hessen in Betracht zog.[204] Mitte der 1970er Jahre verfügte die Wissenschaftliche Gesellschaft über 45 ordentliche Mitglieder (gegenüber 25 korrespondierenden), von denen etwa ein Drittel das 61. Lebensjahr

199 Vgl. O'Daniel, Herbert: JB 1972, S. 2f.
200 Vgl. PB 1969–1974: Eintrag vom 16.12.1972, S. 149.
201 Vgl. O'Daniel, Herbert: JB 1974, S. 8.
202 Vgl. ebd., S. 9.
203 Vgl. Buck, August: Nachruf auf Herbert O'Daniel. In: Sitzungsberichte der Wissenschaftlichen Gesellschaft an der Johann Wolfgang Goethe-Universität Frankfurt am Main Bd. XVII, Nr. 2. Stuttgart 1980, S. 17–19.
204 Vgl. O'Daniel, Herbert: JB 1974, S. 8.

noch nicht vollendet hatte. Davon gehörten 23 der Philosophischen Fakultät an, acht waren Naturwissenschaftler, sechs Mediziner, fünf Wirtschafts- bzw. Sozialwissenschaftler sowie drei Juristen. Rund die Hälfte unter ihnen vertrat historisch orientierte Disziplinen, was mit der breiten Streuung der „Geschichte" in den verschiedensten Disziplinen, vornehmlich in den Geisteswissenschaften, zusammenhing.[205]

Im Mai 1973 wurden der Physiker Werner Martienssen (der aus persönlichen Gründen ablehnte), der Paläontologe Klaus Vogel, der Romanist August Buck, der Ethnologe Eike Haberland, der klassische Philologe Wolf Steidle und die Archäologin Maria Radnoti-Alföldi in die Gesellschaft gewählt.[206] Mit Maria Radnoti-Alföldi wurde zum ersten Mal eine Wissenschaftlerin in die Wissenschaftliche Gesellschaft aufgenommen. Obwohl in den vergangenen Jahren Wissenschaftlerinnen vermehrt zugewählt wurden, ist der Anteil weiblicher Mitglieder auch heute (2022) noch gering (17).

August Buck (1911–1998), einer der profiliertesten Italianisten Deutschlands nach dem Zweiten Weltkrieg, war nach seinem Studium 1936 in Leipzig mit einer Arbeit über „Platonismus in den Dichtungen Lorenzo de' Medicis" promoviert worden. Danach war er bis 1945 Lektor für deutsche Sprache in Neapel und Venedig. 1942 über „Italienische Dichtungslehren. Vom Mittelalter bis zum Ausgang der Renaissance" habilitiert, wurde Buck, zunächst Privatdozent, 1949 dann auf eine außerplanmäßige Professur in Kiel berufen. 1957 wechselte er als nunmehr ordentlicher Professor nach Marburg, wo er trotz mehrerer Rufe bis zu seiner Emeritierung 1978 blieb. Bucks Forschungsinteressen galten vorwiegend der italienischen Geistesgeschichte, der Humanismus- und Renaissanceforschung. Von 1972 bis 1993 war er Präsident der Deutschen Dante-Gesellschaft und zu Beginn der 70er Jahre auch Vizepräsident der Akademie deutsch-italienischer Studien. In der Wissenschaftlichen Gesellschaft engagierte er sich lange Jahre im Vorstand und war nach dem plötzlichen Tod Hermann Hartmanns 1984 ihr kommissarischer Präsident.[207]

Der wissenschaftliche Schwerpunkt von Maria Radnoti-Alföldi (1926–2022) betraf das Gebiet der antiken Numismatik. Zu den von ihr bearbeiteten Themenbereichen gehörten Fundmünzenanalyse, römische Geschichte und Selbstdarstellung der Kaiser. Geboren in Budapest, studierte sie bis 1949 an der Philosophischen Fakultät der Universität Budapest. Dort erhielt sie einen Lehrauftrag und arbeitete zunächst im Budapester Münzkabinett. Nach dem ungarischen Volksaufstand floh sie mit ihrer Familie nach München, wo sie von 1957 bis 1962 an der Universität als wissenschaftliche Mitarbeiterin tätig war und wo sie sich 1961 habilitierte. Ihre 1963 publizierte Habilitationsschrift zum

205 Vgl. ders.: JB 1975, S. 2f.

206 Vgl. PB 1969–1974: Eintrag vom 19.5.1973, S. 167.

207 Vgl. Brandt, Reinhard: Nachruf auf August Buck. In: Sitzungsberichte der Wissenschaftlichen Gesellschaft an der Johann Wolfgang Goethe-Universität Frankfurt am Main Bd. XLVI, Nr. 1. Stuttgart 2008, S. 11–13.

Thema „Die Constantinische Goldprägung. Untersuchungen zu ihrer Bedeutung für Kaiserpolitik und Hofkunst" gilt als Standardwerk. 1962 folgte sie ihrem Mann (Aladár Radnoti) an die Universität Frankfurt, der dort einen Lehrstuhl für die Fächer Hilfswissenschaften der Altertumskunde sowie Geschichte und Kultur der römischen Provinzen übernahm. Nach dessen frühen Tod übernahm sie 1973 diese Professur. Maria Radnoti-Alföldi blieb bis zu ihrem Tod wissenschaftlich aktiv. Nach ihrer Emeritierung 1991 erschien 1999 ihr zweites Standardwerk „Bild und Bildersprache der römischen Kaiser. Beispiele und Analysen". Sie betreute mehrere Bände zum Antiken Münzwerk und war Mitglied der Mainzer Akademie der Wissenschaften und der Literatur sowie ordentliches Mitglied des Deutschen Archäologischen Instituts. Zahlreiche nationale (einschließlich des Verdienstkreuzes am Bande des Verdienstordens der Bundesrepublik Deutschland) und internationale Auszeichnungen und Mitgliedschaften und Ehrenmitgliedschaften in wissenschaftlichen Gesellschaften reflektieren den außerordentlichen Ertrag ihrer Arbeiten.[208]

Im Mai 1974 folgten der Theologe Werner Georg Kümmel, der Mittelalterhistoriker Walther Lammers, der Philosoph Bruno Liebrucks, der Indologe Wilhelm Rau und der Chemiker Manfred Wilk.[209]

Zu den Schwerpunkten im Werk von Walther Lammers (1914–1990) gehörten die Geschichte des norddeutschen und nordeuropäischen Raums sowie die Historiographie des Mittelalters. Dazu erschienen u.a. 1960 die zweisprachige Ausgabe der Chronik Ottos von Freising, sowie im Folgejahr der Sammelband „Geschichtsdenken und Geschichtsbild im Mittelalter". Lammers studierte an der Universität Kiel Theologie, Philosophie, Geschichte und Germanistik. Dort wurde er 1937 mit der philosophischen Dissertation „Dramatische Wirklichkeit. Zur Ontologie eines mystischen Raums" promoviert. Nach dem Krieg und der Entlassung aus amerikanischer Gefangenschaft wandte er sich der Geschichtswissenschaft zu. 1952 habilitierte er sich in Hamburg mit dem Thema „Die Schlacht bei Hemmingstedt. Freies Bauerntum und Fürstenmacht im Nordseeraum". Nach einer Tätigkeit als Privatdozent an der Universität Hamburg war er dort von 1959 bis 1965 außerplanmäßiger Professor für Mittlere und Neuere Geschichte. 1965 wurde er als ordentlicher Professor für Mittlere und Neuere Geschichte an die Universität Frankfurt am Main berufen. Seit 1966 war er Mit-

208 Vgl. Brandt, Hartwin: Einprägsame Herrscher. Zum Tod der Althistorikerin Maria Radnoti-Alföldi. In: Frankfurter Allgemeine Zeitung 16.5.2022, S. 14.

209 Vgl. PB 1974–1981: Eintrag vom 11.5.1974, S. 10.

glied des Konstanzer Arbeitskreises für mittelalterliche Geschichte, 1984–1985 Schatzmeister der Wissenschaftlichen Gesellschaft.[210]

Bruno Liebrucks (1911–1986) war ein dem deutschen Idealismus verpflichteter Philosoph. In seinem in Frankfurt entstandenen siebenbändigen Hauptwerk „Sprache und Bewußtsein“ (1964–1979) untersuchte er das Problem der Sprache und der dialektischen Logik auf breiter Basis unter systematischen und historischen Aspekten. Geboren in Ostpreußen, studierte er an der Albertina in Königsberg Germanistik, Geschichte, Theologie und Philosophie, mit einem Semester in München. 1933 wurde er in Königsberg mit einer Arbeit zum Thema „Probleme der Subjekt-Objektrelation“ promoviert. An der Albertina blieb er bis 1936 als Assistent tätig. Während dieser Zeit trat er in die SA ein und später auch – wohl unter Druck von außen – in die NSDAP. An der philosophischen Fakultät der Universität Berlin habilitierte er sich während eines Fronturlaubs mit der Untersuchung über „Platons Entwicklung zur Dialektik – Untersuchungen zum Problem des Eleatismus“. Nach einer Privatdozentur und einer außerplanmäßigen Professur in Göttingen wirkte er seit 1959 als Ordinarius für Philosophie und Direktor des Philosophischen Seminars an der Universität Frankfurt. Akte der Gewalt, Vorlesungsstörungen und der psychologische Terror am Ende der 1960er Jahre erinnerten ihn an Praktiken der Nationalsozialisten gegenüber nicht gleichgeschalteten Universitätslehrern. Er selbst hatte 1936 ein Stipendium verloren, als er einen Aufruf zugunsten eines Königsberger Germanisten unterzeichnete, dessen Vorlesungen immer wieder durch nationalsozialistische Studenten gestört wurden. Daher zog sich Liebrucks gleich nach seiner Emeritierung aus dem Lehrbetrieb zurück.[211]

Schwerpunkt der wissenschaftlichen Arbeiten von Wilhelm Rau (1922–1999) waren die klassischen Sanskrit-Dichtungen, insbesondere die Veden und ihre philologische Erschließung. Im Bereich der Sprachlehre und Sprachphilosophie klassischer Sanskritliteratur ist er vor allem durch seine mehrbändige kritische Ausgabe von „Bhartṛharis Vākyapadīya“ hervorgetreten. Daneben widmete sich Rau der Geschichte seines Fachs und gab einen Band mit Porträtbildern und Kurzbiographien bedeutender deutscher Indologen heraus. Wilhelm Rau studierte in Leipzig Indologie, Vergleichende Sprachwissenschaft und Klassische Philologie. Nach dem Krieg wurde er 1952 in Marburg mit einer Arbeit zum Thema „Vallabhadevas Kommentar zu Māghas Śiśupālavadha“ promoviert. 1972 habilitierte er sich, ebenfalls in Marburg, über „Staat und Gesellschaft im

210 Vgl. Beumann, Helmut: Nachruf auf Walther Lammers. In: Sitzungsberichte der Wissenschaftlichen Gesellschaft an der Johann Wolfgang Goethe-Universität Frankfurt am Main Bd. XXVIII, Nr. 6. Stuttgart 1992, S. 67–69. Vgl. auch Schwarz, Jörg: Walther Lammers. In: Jürgen Petersohn (Hrsg.): Der Konstanzer Arbeitskreis für mittelalterliche Geschichte 1951–2001. Die Mitglieder und ihr Werk. Eine bio-bibliographische Dokumentation. (= Veröffentlichungen des Konstanzer Arbeitskreises für Mittelalterliche Geschichte aus Anlaß seines fünfzigjährigen Bestehens 1951–2001, Band 2). Stuttgart 2001, S. 251–255.

211 Vgl. Scherer, Brigitte: Zum Gedächtnis an Bruno Liebrucks. In: Zeitschrift für philologische Forschung 41 (1987) Heft 2, S. 299–305.

Alten Indien. Nach den Brahmana-Texten dargestellt". Nach einem zweijährigen Studienaufenthalt an der indischen Universität Vishvabharati übernahm er 1955 in Frankfurt eine außerplanmäßige Professur für Vergleichende Indogermanische Sprachwissenschaft und wechselte schon 1958 als Ordinarius an das Indisch-Ostasiatische Seminar in Marburg.[212]

Manfred Wilk (1922–1994) legte 1941 seine Reifeprüfung in Aschaffenburg ab und wurde sogleich zur Wehrmacht eingezogen, wo er in Griechenland und Russland eingesetzt wurde. Nach seiner Flucht aus russischer Kriegsgefangenschaft gelang es ihm 1946, einen Studienplatz im Chemischen Institut (damals in der Robert-Mayer-Straße 7–9) der wiedereröffneten Frankfurter Universität zu ergattern. Trotz aller Erschwernisse legte er seine Diplomexamen bereits nach sieben Semestern ab. Promoviert wurde er 1954 mit einer Dissertation bestehend aus den Arbeitsteilen „Beiträge zur Photochemie ungesättigter Nitroverbindungen" und „Polarographische Untersuchungen an Tetrazoliumsalzen". Dem folgte 1960 die Habilitation mit dem Thema „Beiträge zur Elektronenwanderung und Energieleitung in organischen Systemen". 1967 wurde er zum außerplanmäßigen Professor ernannt. 1975 nahm er den Ruf auf die Professur Chemie für Mediziner an, die er bis zu seiner Emeritierung 1987 bekleidete. Manfed Wilk bearbeitete ein umfangreiches Oeuvre der organischen Chemie. Besondere internationale Anerkennung fanden seine Arbeiten über chemische Carcinogenese. Wilk hat sich über viele Jahre, vornehmlich als Sekretär, im Vorstand der Wissenschaftlichen Gesellschaft engagiert.[213]

Zugewählt wurden 1975 der Historiker Karl Häuser und der Historiker Peter Herde, der sich vielfach in der Gesellschaft engagieren sollte. Durch Zuwahlen im Mai 1976 konnte nicht nur der Katalog der von den Mitgliedern vertretenen Disziplinen erweitert, sondern auch das Ungleichgewicht der Verteilung der Disziplinen auf die verschiedenen Fakultäten verringert werden. Im Mai 1976 wurde der Afrikanist Herrmann Jungraithmayr in die Wissenschaftliche Gesellschaft aufgenommen.[214] Jungraithmayr engagierte sich ebenfalls über viele Jahre hinweg im Vorstand und in zahlreichen Aufgaben der Gesellschaft. Zu ordentlichen Mitgliedern wurden weiterhin gewählt der Mediävist Helmut Beumann, der Meteorologe Hans-Walter Georgii, der Kinderpsychiater Hubert Harbauer und der Mathematiker Wolfgang Schwarz. Damit sank das Durchschnittsalter der Mitglieder.[215] Im Jahr darauf konstatierte man, dass zwei Drittel jünger als 68, zwei Fünftel jünger als 60 Jahre alt waren.[216]

212 Vgl. Vogel, Klaus: Wilhelm Rau. In: Neue Deutsche Biographie Bd. 21. Berlin 2003, S. 193–195. Vgl. auch: Hahn, Michael: Wilhelm Rau (1922–1999). In: Zeitschrift der Deutschen Morgenländischen Gesellschaft 153 (2003), S. 1–9.

213 Vgl. Becker, Friedrich: Nachruf auf Manfred Wilk. In: Sitzungsberichte der Wissenschaftlichen Gesellschaft an der Johann Wolfgang Goethe-Universität Frankfurt am Main Bd. XXXVI, Nr. 6. Stuttgart 1999, S. 27–30.

214 Vgl. Hartmann, Hermann: JB 1982, S. 2.

215 Vgl. O'Daniel, Herbert: JB 1976, S. 3.

216 Vgl. Hartmann, Hermann: JB 1977, S. 2.

Karl Häuser (1920–2008) war ein „Leuchtturm des Fachbereichs Wirtschaftswissenschaften und der Goethe-Universität". Er war maßgeblich beteiligt an der Gründung des Instituts für Kapitalmarktforschung, dessen Leiter er wurde. Heute ist es das *Center for Financial Studies*. Schwerpunkt seiner wissenschaftlichen Arbeiten waren die Kapitalmarktforschung und Währungspolitik. Zu seinen bekanntesten Werken gehören „Die deutsche Wirtschaft seit 1870" und das „Lehrbuch der Volkswirtschaftslehre", das in zahlreichen Auflagen erschien. Dem Studium in München und Frankfurt (welches durch sechs Jahre Arbeitsdienst, Krieg und Gefangenschaft unterbrochen wurde) folgte 1950 die Promotion in Frankfurt am Main mit der Dissertation über „Das Verhältnis von Ersparnis und Investition". Nach einer Tätigkeit als Finanzberater der Alliierten Hohen Kommission in Berlin ging Häuser zurück an die Universität Frankfurt, wo er sich 1957 habilitierte. 1958 übernahm er die Professur für Wirtschaftliche Staatswissenschaften in Kiel, kehrte aber schon 1962 auf eine Professur für Wirtschaftliche Staatswissenschaften nach Frankfurt zurück. Von 1964 bis 1966 war er Vorsitzender des Wirtschafts- und Sozialwissenschaftlichen Fakultätentages. Zu seinen zahlreichen weiteren Aktivitäten gehörten seine Mitgliedschaft im Verein für Sozialpolitik und der *American Economic Association*. Wie viele Ordinarien seiner Zeit befürchtete Häuser, dass die Universitätsreformen zu einer Einschränkung der Autonomie der Ordinarien und ihrer Transformation zum reinen Wissenschaftsvermittler, Ressortspezialist und Funktionsträger führen könnten. Aus diesem Grunde wurde er Mitbegründer des Bundes Freiheit der Wissenschaft.[217]

Helmut Beumann (1912–1995) war Mediävist mit dem Hauptarbeitsgebiet Ottonenzeit. Er studierte in Leipzig Geschichte, Germanistik und Philosophie und wurde 1932 in Berlin mit einer Arbeit über das Urkundenwesen der Bischöfe von Halberstadt promoviert. Wie leider manch anderer junger Wissenschaftler seiner Zeit wurde er Mitglied der NSDAP. Nach einem Kriegseinsatz habilitierte er sich 1944 in Marburg mit einer historiographischen Untersuchung über Widukind von Corvey. Diese anschließend in Buchform veröffentlichte Arbeit gilt als Pionierleistung und führte zu einem lange nachwirkenden Paradigmenwechsel in der deutschen Mediävistik, indem sie neben die faktenbezogenen Quellenauswertung gleichrangig die Frage nach der Vorstellungswelt der Geschichtsschreiber stellte. Beumanns weitere Universitätslaufbahn schließt eine außerplanmäßige Professur für Mittlere und Neuere Geschichte in Marburg (1952), die ordentliche Professur für Mittlere und Neuere Geschichte in Bonn und schließlich die ordentliche Professur für Mittelalterliche Geschichte in Marburg ein. In Frankfurt war er zunächst korrespondierendes (1973), später ordentliches Mitglied (1976) der Wissenschaftlichen Gesellschaft. Zu seinem umfangreichen wissenschaftlichen Oeuvre gehören u.a. die Monographie

217 Vgl. Schefold, Bertram: Nachruf auf Karl Häuser. In: Sitzungsberichte der Wissenschaftlichen Gesellschaft an der Johann Wolfgang Goethe-Universität Frankfurt am Main Bd. XLVII, Nr. 2. Stuttgart 2009, S. 13–19.

„Die Ottonen“ sowie „Widukind von Corvey“, Untersuchungen zur Geschichtsschreibung und Ideengeschichte des 10. Jahrhunderts und wichtige Herausgeberschaften. Neumann erfuhr zahlreiche Ehrungen in Form von nationalen und ausländischen Mitgliedschaften in Akademien, der Verdienstmedaille des Landes Baden-Württemberg und erhielt auch das Bundesverdienstkreuz 1. Klasse.[218]

Hans-Walter Georgii (1924–2018) studierte nach seiner Entlassung aus britischer Kriegsgefangenschaft ab 1948 in Frankfurt und München Meteorologie, Physik und Physikalische Chemie. Promoviert wurde er 1953 in Frankfurt. 1958 wurde er in Frankfurt Assistent und habilitierte sich 1959. Eine Stellung als Wissenschaftlicher Rat und Professor trat er 1964 an der Universität Münster an, bevor er 1965 an die Universität Köln berufen wurde – eine kurze Episode. Denn nur zwei Monate später kehrte er wiederum nach Frankfurt zurück, als man dort einen Lehrstuhl für die Physik der Atmosphäre zu besetzen hatte. Seiner Heimatstadt Frankfurt am Main hielt er in der Folge bis zu seiner Emeritierung 1993 die Treue. Er war Mitglied der Deutschen Akademie der Naturforscher Leopoldina und Fellow der *American Association for the Advancement of Science*. Schwerpunkte seiner Forschung waren unter anderem der Schwefeldioxid-Smog, die Ferntransporte von Verunreinigungen der Luft sowie Waldschäden und Sommersmog.[219]

Im Mai 1977 wurden Friedrich Becker (Physikalische Chemie) und Wolfgang Naucke (Strafrecht und Rechtsphilosophie) in die Wissenschaftliche Gesellschaft gewählt.[220]

Friedrich Becker (1922–1996) konnte sein durch den Kriegseinsatz unterbrochenes Chemiestudium in Frankfurt erst 1946 fortsetzen und im Sommer 1950 mit der Promotion bei Hermann Hartmann beenden. Nach zweijähriger Tätigkeit als Assistent in Frankfurt ging er für drei Jahre ebenfalls als Assistent an die Universität des Saarlandes, wo er sich 1957 mit der Arbeit „Eine neue Methode zur Behandlung des Einflusses sterischer Effekte auf die Reaktivität aliphatischer Verbindungen“ habilitierte. Nach weiteren Stationen als Privatdozent (1958), Diätendozent (1961), außerordentlicher Professor (1964) und Wissenschaftlicher Rat (1965), wurde Becker schließlich 1970 als ordentlicher Professor für Physikalische Chemie an die Universität Frankfurt berufen, einen Lehrstuhl, auf dem er bis zu seiner Emeritierung verblieb. 1985 in den Vorstand

218 Vgl. Petersohn, Jürgen: Nachruf auf Helmut Beumann. In: Sitzungsberichte der Wissenschaftlichen Gesellschaft an der Johann Wolfgang Goethe-Universität Frankfurt am Main Bd. XXXVI, Nr. 6. Stuttgart 1999, S. 43–46.

219 Vgl. Vogel, Klaus u. Bingemer, Heinz: Nachruf auf Hans-Walter Georgii. In: Sitzungsberichte der Wissenschaftlichen Gesellschaft an der Johann Wolfgang Goethe-Universität Frankfurt am Main Bd. LVII, Nr. 5. Stuttgart 2020, S. 85–89.

220 Vgl. Hartmann, Hermann: JB 1977, S. 2.

der Wissenschaftlichen Gesellschaft gewählt, war er von 1988 bis zu seinem Tod deren Vizepräsident.[221]

Im Mai 1978 schließlich wurde Hans Schönberger (1916–2005) in die Wissenschaftliche Gesellschaft aufgenommen. Er war von 1972 bis 1981 Erster Direktor der Römisch-Germanischen Kommission in Frankfurt.[222] Der Prähistoriker und Provinzialrömische Archäologe hatte in Marburg, Breslau, Kiel und wieder Marburg Vorgeschichte, Klassische Archäologie, Alte Geschichte und Geologie studiert. Schon während des Studiums zur Wehrmacht eingezogen, gelang es ihm während Studienurlauben, seine Dissertation mit dem Thema „Die Spätlatènezeit in der Wetterau" fertigzustellen. Nach dem Krieg übernahm er die Stelle als Direktor der Saalburg, dem auf dem Taunuskamm gelegenen ehemaligen römischen Kohortenkastell. Dort konzipierte er die Ausstellungen neu und von dort aus widmete er sich intensiv und sehr erfolgreich mit zahlreichen Grabungen der Provinzialrömischen Archäologie. Mit seiner großen 1962 erschienenen Studie „Neuere Grabungen am Obergermanischen und Rätischen Limes" habilitierte er sich 1963 an der Universität Freiburg im Breisgau, wo er 1967 eine Honorarprofessur annahm. 1966 wurde er zum Zweiten und 1972 zum Ersten Direktor der Römisch Germanischen Kommission in Frankfurt am Main gewählt. Von dort aus führte er systematisch Grabungen am Rätischen Donaulimes und am Obergermanischen Limes durch, begleitet von einer umfangreichen Publikationstätigkeit. Nach seiner Pensionierung erschien im Jahr 1986 sein Vermächtnis für die Limesforschung, eine große Zusammenschau der römischen Grenzentwicklung zwischen Nordsee und Inn: „Die römischen Truppenlager der frühen und mittleren Kaiserzeit zwischen Nordsee und Inn". Schönbergers herausragende Leistungen wurden durch ehrenvolle Mitgliedschaften in internationalen Gesellschaften mehrfach gewürdigt.[223]

Ferner wurden 1979 zwei „alte Mitglieder" wiedergefunden: Adolph Lowe, der am 12. November 1932 in die Gesellschaft gewählt worden war und der inzwischen in New York Wirtschaftliche Staatswissenschaften lehrte, und der mittlerweile in Göttingen tätige Professor für Volkswirtschaftslehre Erich Egner, der am 8. Mai 1937 zugewählt worden war. Daneben nahmen die Mitglieder der Gesellschaft im Mai 1979 Rainer Jelitto (Theoretische Physik) als ordentliches Mitglied in ihren Reihen auf.[224]

Der Soziologe und Nationalökonom Adolph Lowe (1893–1995) (gebürtig Adolf Löwe) weilte nur drei Semester in Frankfurt. Er war 1931/32 von Kiel, wo er Wirtschaftstheorie und Soziologie gelehrt hatte, nach Frankfurt an das

221 Vgl. Horner, Leopold: Nachruf auf Friedrich Becker. In: Sitzungsberichte der Wissenschaftlichen Gesellschaft an der Johann Wolfgang Goethe-Universität Frankfurt am Main Bd. XXXVI, Nr. 6. Stuttgart 1999, S. 57f.

222 Vgl. Hartmann, Hermann: JB 1978, S. 1.

223 Vgl. Schnurbein, Sigmar von: Hans Schönberger zum Gedächtnis. In: Bericht der Römisch-Germanischen Kommission 86 (2005), S. 7–18.

224 Vgl. Hartmann, Hermann: JB 1979, S. 3f.

Institut für Sozialforschung berufen und mit der Lehre der politischen Ökonomie betraut worden. Sogleich nahm ihn die Wissenschaftliche Gesellschaft als korrespondierendes Mitglied auf. Lowe zählt zu den berühmtesten Ökonomen, die in Frankfurt im 20. Jahrhundert gewirkt haben. Nach der Machtergreifung der Nationalsozialisten verlor er seine Position und emigrierte zunächst nach England an die University of Manchester (wo er auch seinen Namen änderte) und dann, 1940, in die USA, wo er fortan an der *New School of Social Research* in New York tätig war. Lowe hatte zunächst in München und dann in Berlin Soziologie und Nationalökonomie studiert. Promoviert wurde er 1918 in Tübingen. Politisch ein engagierter Sozialdemokrat, arbeitete er zunächst im Wirtschaftsministerium der Weimarer Republik und wurde dann der erste Leiter der Kulturabteilung des Kieler Wirtschaftsinstituts (1926–1931). Die Habilitation erfolgte in Kiel. Zu seinen wichtigen Werken gehören „Economic Knowledge" (1965), „The Path of Economic Growth" (1976) sowie „Has Freedom a Future?" (1989).[225]

Erich Egner (1901–1990) hatte in Frankfurt nur ein relativ kurzes Intermezzo. Nach dem Besuch des Humanistischen Gymnasiums in Merewitz (Provinz Posen) studierte er Wirtschaftliche Staatswissenschaften an den Universitäten Greifswald, Göttingen und Leipzig, wo er 1924 zum Dr. rer. pol. promoviert wurde. Der Habilitation an der Handelshochschule Leipzig 1931 folgte 1935 die Vertretung eines Lehrstuhls an der Wirtschafts- und Sozialwissenschaftlichen Fakultät der Universität Frankfurt am Main, wo er als planmäßiger Extraordinarius und Direktor des Instituts für Wirtschaftliche Raumforschung wirkte. Da sich seine Hoffnungen auf die Übernahme als Ordinarius nicht verwirklichten, ging er schon 1941 zunächst an die Handelshochschule in Königsberg und dann an die Universität Göttingen. Nach dem Krieg wurde er dort Mitdirektor des Volkswirtschaftlichen Seminars. 1963 schuf er das Ibero-Amerika-Institut für Wirtschaftsforschung, dessen Direktor er bis zu seiner Emeritierung blieb. Die Spezialgebiete Egners waren die Konzentration auf das in Deutschland ganz unzeitgemäße Fach der Hauswirtschaft und die Entwicklungsländerproblematik. Dazu entstanden mehrere Monographien und zahlreiche Einzelaufsätze.[226]

Rainer Jelitto (1937–2011) begann im Herbst 1956 in München mit dem Physikstudium, wobei er sich auf dem Gebiet der Theoretischen Festkörperphysik spezialisierte. Im Zuge der Untersuchungen für seine 1964 fertiggestellte Diplomarbeit entdeckte er ein neues Quasiteilchen, das sogenannte Oberflächenmagnon – ein vielbeachteter Erfolg, den er selbst jedoch stets mit Bescheidenheit kommentierte. Im gleichen Jahr folgte er seinem Lehrer Heinz

225 Vgl. Schefold, Bertram: Nachruf auf Adolph Lowe. In: Sitzungsberichte der Wissenschaftlichen Gesellschaft an der Johann Wolfgang Goethe-Universität Frankfurt am Main Bd. XXXVI, Nr. 6. Stuttgart 1999, S. 35–42.

226 Vgl. ders.: Nachruf auf Erich Egner. In: Sitzungsberichte der Wissenschaftlichen Gesellschaft an der Johann Wolfgang Goethe-Universität Frankfurt am Main Bd. XXXVI, Nr. 6. Stuttgart 1999, S. 5–10.

Koppe als Assistent an die Universität Kiel, wo er 1969 mit einer Arbeit über magnetische Phasenumwandlungen promoviert wurde und sich schon 1970 im Fach Theoretische Physik habilitieren konnte. 1972 kehrte er nach München zurück, nahm aber bereits im August einen Ruf nach Frankfurt an, wo er bis zu seiner Emeritierung 2004 blieb. Jelitto galt als engagierter Hochschullehrer. Seine Vorlesungen waren bis ins kleinste Detail vorbereitet und von sprachlich höchster Qualität. Jahrelang war er Vorsitzender der Kommission zur Vergabe von Promotionsstipendien der Goethe-Universität.[227]

Ein Rundsiegel für die Wissenschaftliche Gesellschaft, neue Aufgabenzuweisungen für den Vorstand und säumige Mitglieder

Bereits im November 1972 war der Wunsch nach einem Rundsiegel für die Wissenschaftliche Gesellschaft aufgekommen, um damit beispielsweise Ernennungsurkunden versehen zu können.[228] Auf einer Sitzung im April legte Präsident O'Daniel dem Vorstand eine Reihe Abbildungen griechischer Münzen vor, die als Vorlage für ein solches Gesellschaftssiegel in Frage kamen. Den Zuschlag erhielt der Vorschlag mit der Eule der Athene auf einer Tetradrachme des Historischen Museums Frankfurt.[229] Im Oktober 1974 schließlich ließ man das bis heute gebräuchliche Siegel anfertigen.[230] Es zeigt die Rückseite einer um 400 v. Chr. mit der Athener Eule geprägten Tetradrachme.[231] O'Daniel stellte es den Mitgliedern auf der Jahresabschlussversammlung Mitte Dezember 1975 vor. Man erkennt die der Athena heilige Eule, das Symbol der Weisheit – Athena ist auch eine Patronin der Wissenschaften – und den Ölzweig, der im Altertum ebenfalls mit der Göttin Athene verbunden war. Weiterhin trägt die Münze die griechischen Buchstaben Alpha, Theta und Epsilon, also ATHE, welches den Namen der emittierenden Polis angibt.

O'Daniel strebte an, eine dem Vorstand und seinen Mitgliedern umrissene Aufgabenverteilung zu geben – besonders, was den Präsidenten betraf. Sie fehlte bislang. Denn dass sein Vorgänger Viebrock nach nur einem Jahr wegen gesundheitlicher Überbelastung wieder aus dem Amt geschieden war, hatte seine Ursache nicht zuletzt in dem Umstand gehabt, dass die eigentlichen Arbeiten des Vorstands allein in den Händen des Präsidenten lagen.[232] Im Vorstand wurde Konsens erzielt, dem stellvertretenden Vorsitzenden die Vorbereitung von

227 Vgl. Rischke, Dirk: Nachruf auf Rainer Jelitto. In: Sitzungsberichte der Wissenschaftlichen Gesellschaft an der Johann Wolfgang Goethe-Universität Frankfurt am Main Bd. LVII, Nr. 5. Stuttgart 2020, S. 13–17.

228 Vgl. PB 1969–1974: Eintrag vom 11.11.1972, S. 144.

229 Vgl. PB 1974–1981: Eintrag vom 20.4.1974, S. 5.

230 Vgl. ebd.: Eintrag vom 11.10.1974, S. 16.

231 Vgl. O'Daniel, Herbert: JB 1975, S. 9.

232 Vgl. ebd., S. 4f.

Zuwahlen und Mitgliederversammlungen zu übertragen, einem der Sekretäre die Protokollierung der Sitzungen und Versammlungen und dem anderen die Organisation der Vortragssitzungen sowie das Einholen der Manuskripte. Dem Schatzmeister waren Vermögensverwaltung, Kassenführung und Spendenvorsorge anzuvertrauen. Den weiteren Vorstandsmitgliedern die Betreuung der Bibliothek der Gesellschaft bzw. der Manuskripte und des Verlagsverkehrs – alles in weitgehender Eigeninitiative und in Abstimmung mit dem Präsidenten, der letztlich die Verantwortung trug.[233]

Wieder einmal wurde das Problem der säumigen Mitglieder thematisiert. Dem Jahresbericht 1976 wurde ein Anhang hinzugefügt, der eine im Anschluss an den Jahresabschluss abgehaltene Aussprache der Versammelten zum Thema der säumigen Mitglieder enthielt. Darin wurde der Vorstand gebeten, im Falle fortlaufenden unbegründeten Fernbleibens von Gesellschaftssitzungen durchzugreifen und vom entsprechenden Satzungsparagraphen Gebrauch zu machen. Es sei nicht akzeptabel, dass neu hinzugewählte Mitglieder nicht die Gelegenheit bekämen, die anderen Mitglieder kennenzulernen. Es sei auch – außer bei Krankheit – nicht denkbar, dass eben diese Mitglieder nicht wenigstens einige Male im Jahr den Sitzungen beiwohnen könnten, falls sie, abgesehen von ihrem Interesse, Wert darauf legten, in Hochachtung der Gesellschaft deren Mitglied zu bleiben.[234]

Das Jubiläum zum 75-jährigen Bestehen der Wissenschaftlichen Gesellschaft und eine Festschrift

1976 richteten sich die Gedanken im Vorstand erstmals auf das 1981 anstehende 75-jährige Bestehen der Gesellschaft und die damit verbundenen Jubiläumsfeierlichkeiten. In diesem Zusammenhang trat Präsident O'Daniel, von Adalbert Erler darauf angesprochen, an den jüngst hinzugewählten Historiker Peter Herde heran und bat ihn, anlässlich des Jubiläums die Geschichte der Gesellschaft und ihrer Mitglieder zu schreiben[235] – aufgrund der wenigen Akten wohl

233 Vgl. ebd.
234 Vgl. ebd., S. 10.
235 Vgl. PB 1974–1981: Eintrag vom 24.4.1976, S. 77.

ein mühseliges Unterfangen, wie er anmerkte.[236] Zur Finanzierung des Projekts wollte man der Stadt Frankfurt den Vorschlag unterbreiten, dafür den bis 1979 auf dem Konto für die Herausgabe der Frankfurter Wissenschaftlichen Beiträge angewachsenen Betrag von etwa 27.000 DM zu verwenden. Ohnehin könne die Stadt bei derart zähem Zufluss von Mitteln nicht mit dem regelmäßigen Erscheinen neuer Bände der Reihe rechnen.[237] Außerdem initiierte O'Daniel schon erste Vorstandsbeschlüsse bezüglich des bevorstehenden Jubiläums und dessen Ausgestaltung.[238] Es war ein insgesamt recht aktives Jahr; so wurden acht statt der üblichen sieben Vortragssitzungen abgehalten.[239] Bis zum Mai 1978 wurde schließlich ein Redaktionsausschuss, bestehend aus fünf Mitgliedern der Gesellschaft, gebildet, in dem die verschiedenen Disziplinen vertreten waren.[240]

Die Planungen des Vorstands waren zu dieser Zeit beinahe ausschließlich auf die Organisation des Jubiläums gerichtet. Allerdings war es ein Anliegen des Präsidenten, angesichts der finanziellen Möglichkeiten künftig auch mit einem Gelehrtensymposium hervorzutreten.[241] In jedem Fall stand bereits Ende 1978 fest, dass anlässlich des Jubiläums eine Festschrift herausgegeben werden sollte, über deren Inhalt fortlaufend beraten wurde. Herde wurde dabei die Aufgabe übertragen, einen chronologischen Abriss der Gesellschaftsgeschichte beizusteuern. Daneben sollte ein möglichst vollständiges Verzeichnis ehemaliger und aktueller Mitglieder vorgelegt werden, und möglichst viele Mitglieder der Gesellschaft sollten zu Beiträgen für den Festschriftband gewonnen werden.[242] In einer Vorstandssitzung im Oktober 1979 wurde eine Kommission zur Vorbereitung der Jubiläumsschrift eingesetzt, der die Mitglieder Buck, Schröder, Herde, Thomas und *ex officio* auch Präsident Hartmann angehörten.[243]

Im Jubiläumsjahr sollte zudem ein interdisziplinäres Symposium veranstaltet werden. Erfreulicherweise fanden sich 30 Mitglieder bereit, Beiträge für die Festschrift zu liefern, die einen geplanten Umfang von 500 Seiten haben und

236 Vgl. O'Daniel, Herbert: JB 1976, S. 2. Tatsächlich stand das Unternehmen lange Zeit auf der Kippe; nachdem Herde im April 1978 – angesichts des allzu spärlichen Materials verständlich – das Schreiben einer Geschichte der Wissenschaftlichen Gesellschaft zunächst wieder abgesagt hatte (PB 1974–1981: Eintrag vom 27.4.1978, S. 148), nahm er das Projekt unter Verweis darauf, dass es aussichtslos sei, bis 1981 eine „befriedigende" Gesellschaftsgeschichte zu verfassen, im Oktober erneut in Angriff, diesmal mit dem Ziel, eine „knappe" Geschichte zu schreiben, während weiterhin versucht werden sollte, Material zu sammeln (ebd.: Eintrag vom 28.10.1978, S. 158). Auf der letzten Mitgliederversammlung des Jahres 1978 unterrichtete Herde dann auch die Versammelten von diesem Plan, der nach kurzer Aussprache einhellig begrüßt wurde (ebd.: Eintrag vom 16.12.1978, S. 167).

237 Vgl. O'Daniel, Herbert: JB 1976, S. 7.

238 Vgl. PB 1974–1981: Eintrag vom 26.6.1976, S. 85.

239 Vgl. O'Daniel, Herbert: JB 1976, S. 4.

240 Vgl. PB 1974–1981: Eintrag vom 20.5.1978, S. 153.

241 Vgl. ebd.: Eintrag vom 16.12.1978, S. 167.

242 Vgl. ebd.: Eintrag vom 14.2.1979, S. 171.

243 Vgl. ebd.: Eintrag vom 30.10.1979, S. 192.

ausschließlich neue Forschungsergebnisse präsentieren sollte.[244] Das Symposium – von dem sich Hartmann erhoffte, es könne dadurch die öffentliche Präsenz der Gesellschaft erhöht werden – sollte sich über zwei Tage erstrecken und der Begegnung der Natur- und Geisteswissenschaften dienen. Geplant waren neben einem repräsentativen Hauptvortrag weitere acht (bis höchstens zehn) Kurzreferate von je ca. 30 Minuten.[245] Später einigte man sich auf vier bis sechs Vorträge von etwa 45 Minuten.[246] Als sich Ende 1980 herausstellte, dass der vorgesehene Termin nicht einzuhalten war,[247] zumal die Einladung von Kollegen aus den USA bzw. der Adressatenkreis noch nicht geklärt waren, geriet der Plan ins Hintertreffen.[248] Hinzu kam, dass die mit der Vorbereitung des Symposiums betrauten Mitglieder, der Soziologe Friedrich Tenbruck und der Biochemiker Hansjürgen Staudinger, im Januar 1981 den Vorstand brieflich um Entbindung von dieser Aufgabe baten. Zwar hatten beide „vielseitige Überlegungen" angestellt, dann aber Bedenken hinsichtlich der übernommenen Verantwortung bekommen, was im Vorstand bedauert wurde.[249]

Für die Festschrift wurden Kosten von rund 70.000 DM veranschlagt. Darüber hinaus wurde im Vorstand einstimmig beschlossen, für ein noch nachzuholendes Symposium ca. 30.000 DM, zurückzustellen.[250] Möglich erschien dies vor dem Hintergrund, dass laut Angaben des Schatzmeisters Adolf Wacker das Vermögen der Gesellschaft zu Beginn des Jahres 1980 auf etwas über 1 Million DM angestiegen war. Auch hatte sich der Betrag auf dem Konto für die Herausgabe der Frankfurter Wissenschaftlichen Beiträge, deren nächster Band – eine Studie zum ost-westlichen Kulturgefälle im Mittelalter am Beispiel Luidprands von Cremona[251] – bereits in Vorbereitung war, dank der Unterstützung der Stadt auf immerhin 67.000 DM[252] erhöht.[253] Letztlich beliefen sich die Kosten des Steiner Verlags für die Festschrift aber „nur" auf 58.000 DM.[254] Die Mitglieder erhielten in diesem Jahr auch wieder Förderungen und Zuschüsse zu eigenen Forschungsprojekten, sei es eine Honorarzahlung für die Anfertigung von Zeichnungen zur Illustration einer „wissenschaftlich-literarischen Arbeit" für Dietrich Starck oder aber Unterstützung von Schreibarbeiten bei der Herstellung eines Manuskripts für Adalbert Erler.[255]

244 Vgl. ebd.: Eintrag vom 20.2.1980, S. 207.
245 Vgl. ebd, S. 208.
246 Vgl. ebd.: Eintrag vom 5.11.1980, S. 224.
247 Vgl. ebd.
248 Ebd.: Eintrag vom 20.12.1980, S. 233.
249 Ebd.: Eintrag vom 28.1.1981, S. 239f.
250 Vgl. ebd.: Eintrag vom 17.5.1980, S. 214f.
251 Vgl. Hartmann, Hermann: JB 1980, S. 6.
252 Vgl. PB 1974–1981: Eintrag vom 30.10.1979, S. 193.
253 Vgl. ebd.: Eintrag vom 17.5.1980, S. 216f.
254 Vgl. Hartmann, Hermann: JB 1981, S. 7.
255 Vgl. ders.: JB 1980, S. 6.

Die Jubiläumsfeier zum 75. Geburtstag der Wissenschaftlichen Gesellschaft wurde schließlich am 4. Juli 1981 mit einem Festvortrag Peter Herdes unter dem Titel „75 Jahre Wissenschaftliche Gesellschaft. Ein Abriß ihrer Geschichte“ im Frankfurter Hotel Continental begangen.[256] Geladene Gäste waren neben den Gesellschaftsmitgliedern und ihren Partnern ebenso das Präsidium und der Kanzler der Goethe-Universität, der hessische Kultusminister, der Frankfurter Oberbürgermeister, eine beschränkte Zahl von Universitätskollegen, die wissenschaftlichen Akademien des deutschen Sprachraums wie auch die Freunde, sprich die regelmäßigen Besucher der öffentlichen Sitzungen der Gesellschaft. Die Festschrift der Wissenschaftlichen Gesellschaft an der Johann Wolfgang Goethe-Universität Frankfurt am Main konnte dank reibungsloser Zusammenarbeit mit dem Steiner Verlag[257] rechtzeitig Anfang Juli erscheinen. Doch das ursprünglich in Betracht gezogene Symposium musste aufgrund der bereits erwähnten Komplikationen entfallen.[258]

Günstige finanzielle Voraussetzungen

Im Verlaufe des Sommers 1981 wurden zudem die Räumlichkeiten der Gesellschaft im Kettenhofweg 135 renoviert und den veränderten Bedürfnissen entsprechend angepasst.[259] Bedingt durch die Herausgabe der Festschrift, die Ausrichtung der Feierlichkeiten sowie die Renovierung der Räumlichkeiten der Gesellschaft (die letztlich teurer wurden, als im Voranschlag ursprünglich kalkuliert) beliefen sich die Ausgaben im Jubiläumsjahr auf insgesamt ca. 180.000 DM[260] – eine ungewöhnlich hohe Summe, die allerdings vor dem Hintergrund der Ereignisse und der außerordentlich günstigen Finanzlage damals durchaus gerechtfertigt erschien. Leider ließe sich jedoch der erfreuliche Vermögenszuwachs des Jahres 1980 so nicht fortsetzen, wie Schatzmeister Wacker auf der Jahresabschlusssitzung im Dezember 1981 erklärte; nicht nur aufgrund der von der Gesellschaft getätigten Ausgaben, sondern auch wegen der zurückgegangenen Renditen auf dem Aktienmarkt.[261] Allerdings schmälerte das die Handlungsmöglichkeiten der Gesellschaft kaum,[262] denn vor allem das Institut für Gemeinwohl erwies sich in dieser Zeit wiederholt als besonders großzügiger Spender.[263] Allgemein herrschte Einigkeit darüber, dass man weiterhin finanziell solide aufgestellt und in Zukunft weiter wissenschaftliche Aufgaben zu

256 Vgl. ders.: JB 1981, S. 2.
257 Vgl. PB 1974–1981: Eintrag vom 16.5.1981, S. 253.
258 Vgl. Hartmann, Hermann: JB 1981, S. 2.
259 Vgl. PB 1974–1981: Eintrag vom 5.12.1981, S. 266.
260 Vgl. PB 1982–1994: Eintrag vom 28.4.1982, S. 3.
261 Vgl. PB 1974–1981: Eintrag vom 19.12.1981, S. 272.
262 Vgl. Hartmann, Hermann: JB 1982, S. 1.
263 Das Institut spendete von 1981 bis 1987 jährlich jeweils 10.000 DM und damit etwa zehnmal so viel wie die übrigen Förderer. Vgl. JB 1981–1987.

fördern in der Lage sei.[264] So konnte man zum einen eine Forschungsreise der Archäologin Maria Radnoti-Alföldi für deren sich in der Endphase befindliches „Cremona-Projekt", das auch von der Deutschen Forschungsgemeinschaft gefördert wurde, bezuschussen sowie einen erneuten Antrag Dietrich Starcks auf Finanzierung der Anfertigung wissenschaftlicher Zeichnungen günstig bescheiden.[265]

Zweifel kamen an der Verwaltung des Gesellschaftsvermögens durch die Deutsche Bank auf. Schatzmeister Adolf Wacker hatte sich ab einem gewissen Punkt nicht mehr im Stande gesehen, derartige Summen zu schultern.[266] Die Vermögensverwaltung durch die Bank erzielte im ersten Jahr 1980 noch Gewinne. Das kehrte sich dann aber ins Gegenteil. Bis Februar 1982 büßte das Gesellschaftsvermögen ein Drittel seines Wertes ein.[267] Wacker, der sich verantwortlich fühlte, dachte infolgedessen ernsthaft darüber nach, das Amt des Schatzmeisters niederzulegen. Im Vorstand wurde ihm jedoch versichert, dass er „viele Jahre als Schatzmeister eine glückliche Hand" gehabt habe und dass auch professionelle Anleger in dieser Situation nicht mehr Gewinn hätten erzielen können.[268] Tatsächlich stieg das Vermögen der Gesellschaft bis Ende 1982 wieder an.[269] Bei den Vorstandswahlen im Dezember ließ Wacker sich als Schatzmeister einstimmig wiederwählen[270] und konnte 1983 überaus erfolgreich einen Vermögenszuwachs von 24 Prozent erwirtschaften.[271] Er starb wenige Monate später überraschend während einer Vortragsreise in Moskau,[272] vor deren Antritt er sich bereits unwohl gefühlt hatte.[273] Danach sollten der Verwaltungsvertrag mit der Bank sowie die Unterstützung des Vorstands den Präsidenten so weit entlasten, dass künftig auf die Dienste eines Schatzmeisters verzichtet werden konnte.[274]

Grundsätzliches zur Mitgliederfrage und neue Mitglieder

Im Jahr 1980 ergab sich ein „erfreuliches Gesamtbild" für die Gesellschaft, die zu diesem Zeitpunkt über 86 Mitglieder verfügte – 42 ordentliche, 39 kor-

264 Vgl. PB 1974–1981: Eintrag vom 19.12.1981, S. 273.
265 Vgl. ebd.: Eintrag vom 11.12.1981, S. 276.
266 Vgl. Thomas, Werner: JB 1985, S. 9.
267 Vgl. PB 1982–1994: Eintrag vom 15.5.1982, S. 9f.
268 Vgl. ebd.: Eintrag vom 22.11.1982, S. 10.
269 Vgl. ebd., S. 21.
270 Vgl. ebd.: Eintrag vom 18.12.1982, S. 26.
271 Vgl. ebd.: Eintrag vom 17.12.1983, S. 46.
272 Vgl. ebd.: Eintrag vom 5.5.1984, S. 54.
273 Vgl. Wilk, Manfred: Nachruf auf Adolf Wacker. In: Sitzungsberichte der Wissenschaftlichen Gesellschaft an der Johann Wolfgang Goethe-Universität Frankfurt am Main Bd. XXIII, Nr. 2. Stuttgart 1987, S. 35–38, hier: S. 35.
274 Vgl. PB 1982–1994: Eintrag vom 28.11.1986, S. 132.

respondierende, ansonsten freigestellte, fördernde oder Ehrenmitglieder.[275] Im Sinne des § 1 der Satzung, der die Aufgaben der Gesellschaft definiert, hatte die Gesellschaft ihre Ziele kontinuierlich weiterverfolgen können.[276] Im selben Jahr wurde der Musikwissenschaftler Ludwig Finscher hinzugewählt.[277]

Finscher (1930–2020) studierte in Göttingen Musikwissenschaft, Anglistik und Germanistik. Dort wurde sein Interesse an der Musik des 15. und 16. Jahrhunderts geweckt. 1954 wurde er über den weitgehend unbekannten Loyset Compère, einen Zeitgenossen Josquin des Préz' und Heinrich Isaacs, promoviert, der in Finschers Augen der experimentierfreudigste Komponist seiner Zeit war. Nach einer Tätigkeit am Deutschen Volksliederarchiv in Freiburg kehrte Finscher nach Göttingen zurück und wirkte zunächst als Musik- und Theaterkritiker. Walter Wiora holte ihn 1960 als Assistenten nach Kiel, 1965 folgte ihm Finscher nach Saarbrücken. Dort habilitierte er sich über die Wiener Klassik, die zur zweiten Säule seiner wissenschaftlichen Arbeit wurde. Im Jahr darauf wurde Finscher an die Goethe-Universität berufen, an der er bis 1981 lehrte. Anschließend wechselte er bis zu seiner Emeritierung 1995 nach Heidelberg. Von 1974 bis 1977 war er Präsident der Gesellschaft für Musikforschung, von 1977 bis 1981 Präsident der Internationalen Gesellschaft für Musikforschung. Bezeichnenderweise war es Finscher, den man bat, als Herausgeber an der völlig neuen zweiten Auflage der Enzyklopädie „Die Musik in Geschichte und Gegenwart" mitzuwirken. Er selbst steuerte einige der wichtigsten Artikel bei, darunter „Klassik", „Pause", „Streichquartett" und „Symphonie". Entsprechend wurden ihm zahlreiche Ehrungen und die Aufnahme in den Orden *Pour le Mérite* für Wissenschaften und Künste zuteil.[278]

Interessanterweise wurde Anfang der 1980er Jahre noch heftig über Formalien gestritten – wie man das aus den Zeiten des universitären Umbruchs kannte. Ein Beispiel: Bei der Zuwahl neuer Mitglieder auf der ordentlichen Mitgliederversammlung Mitte Mai 1983 war man sich uneinig bezüglich der Zahl der freien Plätze für ordentliche und korrespondierende Mitglieder. Wolfgang Preiser schlug vor, vor jeder Zuwahl klar die Zahl der zu besetzenden freien Plätze bekanntzugeben, um zu vermeiden, dass sich bei knapper freier Stellenzahl die Stimmen derart zersplitterten, dass überhaupt kein neues Mitglied hinzugewählt werden könnte.[279] Ferner hatte sich Preiser danach erkundigt, ob bei der Programmgestaltung der Vortragssitzungen Einfluss auf die Vortragenden genommen werde. Ihm erschien es wünschenswert, „dass die Autoren gewisse Schwerpunkte bildeten, die auch den Interessen der Gesellschaft entsprächen". Präsident Thomas erwiderte darauf, die Gesellschaft möge davon absehen, auf

275 Vgl. Hartmann, Hermann: JB 1980, S. 2.

276 Vgl. ebd., S. 1.

277 Vgl. ders.: JB 1980, S. 3.

278 Vgl. Leopold, Silke: Ludwig Finscher (14.3.1930–30.6.2020). In: Jahrbuch der Heidelberger Akademie der Wissenschaften für 2020. Heidelberg 2021, S. 142–145.

279 Vgl. PB 1982–1994: Eintrag vom 18.12.1982, S. 24f.

die Arbeitsvorhaben ihrer Mitglieder einzuwirken.[280] Nun jedoch monierte Preiser, dass die Zahl der hinzuzuwählenden ordentlichen und korrespondierenden Mitglieder nicht in der Einladung angegeben worden sei, woraufhin der Präsident entgegnete, dass in dieser Frage seinerseits noch kein Beschluss erfolgt sei, da sie bisher nur unter Verschiedenes behandelt wurde. Als Vorstandsmitglied Starck sich einschaltete und erklärte, dass man sich im Vorstand mit der Überlegung trage, korrespondierende Mitglieder zu ordentlichen zu wählen, um so weitere Plätze für korrespondierende Mitglieder freizubekommen, beanstandete Preiser dies ebenfalls: Korrespondierende Mitglieder dürften nicht bloß zur Schaffung freier Plätze zu ordentlichen gewählt werden. Neue ordentliche Mitglieder müssten ihre Wahl zunächst annehmen, erst dadurch würden dann Plätze frei. Deshalb sei auch die Zuwahl auf freigewordene Plätze korrespondierender Mitglieder in derselben Versammlung unzulässig.[281] Die Versammlung wurde zunächst unterbrochen und im Anschluss nur die Zuwahl ordentlicher Gesellschaftsmitglieder vorgenommen. Die Wahl korrespondierender Mitglieder aber wurde auf die Mitgliederversammlung im Dezember und schließlich auf die ordentliche Mitgliederversammlung im Frühjahr 1984 verschoben.[282] Von einer eventuell notwendigen Satzungsänderung sah man vorerst noch ab.[283]

Im Mai 1983 wurden als ordentliche Mitglieder Leopold Horner (Organische Chemie), Rainer Klinke (Physiologie) und Werner Schröder (Deutsche Philologie) hinzugewählt.[284]

Leopold Horner (1911–2005) studierte in den 1930er Jahren zunächst in Heidelberg Chemie. Später wechselte er nach München, wo er 1935 unter Nobelpreisträger Heinrich Wieland seine Doktorarbeit über Vomicin, einem Verwandten des Strychnins, promoviert wurde. Nach der Habilitation, ebenfalls in München 1942, arbeitete Horner am Kunststoffinstitut in Frankfurt am Main. Von 1950 bis 1953 lehrte er als Professor in Frankfurt, ging dann aber für den Rest seiner wissenschaftlichen Laufbahn nach Mainz. Horner war einer der Wegbereiter der asymmetrischen Katalyse und eine Koryphäe auf dem Gebiet der phosphororganischen Verbindungen. Die Leopoldina, deren Mitglied er war, verlieh ihm ihre Cothenius-Medaille in Gold. Er war auch Ehrenmitglied der

280 Vgl. ebd., S. 25. Erst 20 Jahre später sollte der Gedanke in abgewandelter Form erneut aufgegriffen und näher konkretisiert werden, als man Anfang der 2000er Jahre darüber diskutierte, anlässlich des 100. Geburtstags der Wissenschaftlichen Gesellschaft ein Schwerpunkt-Projekt unter dem Titel „Aktuelle Anthropologie“ ins Leben zu rufen, das schließlich in der Herausgabe eines gleichnamigen Sammelbands mit Beiträgen der Mitglieder gipfelte.

281 Vgl. PB 1982–1994: Eintrag vom 14.5.1983, S. 35.

282 Vgl. ebd., S. 35–37.

283 Vgl. PB 1982–1994: Eintrag vom 6.12.1983, S. 44.

284 Vgl. Hartmann, Hermann: JB 1983, S. 3.

Gesellschaft der Deutschen Chemiker und Empfänger vieler weiterer Auszeichnungen für sein außerordentliches wissenschaftliches Werk.[285]

Rainer Klinke (1936–2008) hatte im Wintersemester 1954 in Erlangen mit dem Studium der Humanmedizin begonnen. Nach dem Physikum wechselte er nach Wien, später nach Heidelberg, wo er neben der klinischen Medizin auch einige Semester Mathematik studierte. Nach seiner damals zweijährigen Medizinalassistentenzeit in Heidelberg und an verschiedenen kommunalen Krankenhäusern führte ihn sein Weg zunächst zurück nach Erlangen. Mitte 1966 zog es den jungen Physiologen nach Berlin-Dahlem an das von Otto-Joachim Grüsser geleitete physiologische Institut der Freien Universität. Hier entfaltete Klinke eine rege Forschungstätigkeit über die synaptische Transmission und efferente Kontrolle von auditorischen und vestibulären Haarzellen. Nach seiner Habilitation 1969 wurde er 1971 zum Professor für Physiologie ernannt. 1977 folgte er dem Ruf der Goethe-Universität nach Frankfurt am Main. Seine Untersuchungen zur Entwicklung von Cochlea-Implantaten trugen dazu bei, Gehörlosen und Ertaubten die Verarbeitung und Wahrnehmung akustischer Reize zu ermöglichen. Von 1985 bis 1995 war Klinke Geschäftsführender Direktor des Zentrums der Physiologie und zusammen mit Stefan Silbernagl Autor des Standardwerks „Lehrbuch der Physiologie“, dessen 6. Auflage er noch bis kurz vor seinem Tod überarbeitete.[286]

Werner Schröder (1914–2010) wurde nach dem Studium der Geschichte, der deutschen und englischen Philologie und der Philosophie 1938 in Halle über „Die britische Vorkriegspolitik in Vorgeschichte und Verlauf der Balkankrise von 1912“ promoviert. Anschließend habilitierte er sich mit einer Arbeit zur althochdeutschen Glossenforschung. Doch kam es kriegsbedingt zu einer mehrjährigen Unterbrechung des Habilitationsverfahrens. Nach dem Krieg arbeitete er von 1948 bis 1953 als Archivar am Landeshauptarchiv von Sachsen-Anhalt in Magdeburg, bis ihm die *Venia Legendi* als Dozent für Deutsche Philologie verliehen wurde. 1959 nutzte er einen Ruf an die Universität Marburg, um die DDR zu verlassen. Spätere Rufe an andere Universitäten lehnte er ab und blieb bis zu seiner Emeritierung 1982 in Marburg. Schröders Forschungsschwerpunkt war das Mittelhochdeutsche. Den Werken der großen deutschen Dichter des Mittelalters wie Heinrich von Veldeke, Hartmann von Aue, Gottfried von Straßburg und vor allem Wolfram von Eschenbach widmete er grundlegende Studien. Das große neue Mittelhochdeutsche Wörterbuch, ein Prestigeprojekt der Altgerma-

285 Vgl. Engels, Joachim: Nachruf auf Leopold Horner. In: Sitzungsberichte der Wissenschaftlichen Gesellschaft an der Johann Wolfgang Goethe-Universität Frankfurt am Main Bd. XLVI, Nr. 1. Stuttgart 2008, S. 47–50.

286 Vgl. Pfeilschifter, Josef u. a.: Nachruf auf Rainer Klinke. In: Sitzungsberichte der Wissenschaftlichen Gesellschaft an der Johann Wolfgang Goethe-Universität Frankfurt am Main Bd. XLVII, Nr. 2. Stuttgart 2009, S. 21–24.

nistik, das sich seit 2000 in Ausarbeitung befindet, verdankt die entscheidende Initiative nicht zuletzt seinem beharrlichen Einsatz und Wirken.[287]

Im Juni 1984 wurden Hans Berckhemer (Geophysik, Seismologie) und Hans-Rainer Duncker (Anatomie, Zoologie) in die Wissenschaftliche Gesellschaft aufgenommen.[288]

Hans Berckhemer (1926–2014) gehörte zu den profiliertesten Geophysikern Deutschlands. Seine Verdienste beruhten unter anderem auf der Entwicklung seismischer messtechnischer Verfahren, auf Untersuchungen zu den Eigenschaften des Erdmantels und Regionen besonderen geologischen Interesses, Erkenntnissen zu Vorgängen in Erdbebenherden sowie der experimentellen Gesteinsphysik. Proben vom Mondgestein, die durch die Apollo-Mission gewonnen wurden, gehörten zu seinen Untersuchungsobjekten. Berckhemer hatte von 1946 bis 1950 in Stuttgart Physik studiert und war dort 1954 promoviert worden. Anschließend ging er ans *Lamont Geological Observatory* in New York und war zudem auch eine Zeit lang am *Seismological Laboratory* des *California Institute of Technology* in Pasadena tätig. Die Habilitation erfolgte 1967 in Frankfurt am Main, wo er zwei Jahre später den Lehrstuhl für die Physik des Erdkörpers übernahm und bis zu seiner Emeritierung 1993 bekleidete. Auch darüber hinaus war er noch mehrere Jahre in der Wissenschaft aktiv und seit 1990 Mitglied der *Academia Europaea*.[289]

DIE ÄRA WERNER THOMAS 1985–2008

Präsident Hermann Hartmann verstarb unerwartet im Oktober 1984. Sein Stellvertreter, der Romanist August Buck, übernahm kommissarisch für einige Monate die Geschäftsführung des verwaisten Vorstandsvorsitzes. Mitte Dezember, auf der letzten ordentlichen Mitgliederversammlung des Jahres, wurde der Sprachwissenschaftler des Indogermanischen, Werner Thomas, der bis dahin als Ausschussmitglied im erweiterten Vorstand tätig gewesen war,[290] zum neuen Präsidenten gewählt. Buck blieb weiterhin stellvertretender Vorsitzender.[291]

287 Vgl. Gärtner, Kurt: Nachruf auf Werner Schröder. In: Sitzungsberichte der Wissenschaftlichen Gesellschaft an der Johann Wolfgang Goethe-Universität Frankfurt am Main Bd. LVII, Nr. 5. Stuttgart 2020, S. 5–7.

288 Vgl. Buck, August: JB 1984, S. 3.

289 Vgl. Vogel, Klaus u. Baier, Bodo: Nachruf auf Hans Berckhemer. In: Sitzungsberichte der Wissenschaftlichen Gesellschaft an der Johann Wolfgang Goethe-Universität Frankfurt am Main Bd. LVII, Nr. 5. Stuttgart 2020, S. 35–39.

290 Vgl. PB 1982–1994: Eintrag vom 18.12.1982, S. 26.

291 Vgl. ebd.: Eintrag vom 15.12.1984, S. 74.

Werner Thomas

Wahlen und Zuwahlen 1986–2008

Eine Neuwahl des Vorstands bestätigte 1988 Werner Thomas im Amt des Vorstandsvorsitzenden. Stellvertreter wurde erneut der Chemiker Friedrich Becker, der dieses Amt auf Empfehlung seines Vorgängers August Buck übernommen hatte.[292] Manfred Wilk und Herrmann Jungraithmayr blieben ebenfalls im Vorstand. Neu traten der Indologe Wilhelm Rau, Hans-Rainer Duncker sowie der Geophysiker Hans Berckhemer ein.[293] Im Dezember 1991 wurde der Vorstand in gleicher Besetzung wiedergewählt.[294] Als Mitte Juni 1996 der stellvertretende Vorsitzende Friedrich Becker starb, wurde Klaus Vogel gebeten, dessen Nachfolge anzutreten[295], und die Archäologin Erika Simon wurde auf den freigewordenen Platz im Vorstand gewählt.[296] Im Juli 2000 schließlich beschlossen die Gesellschaftsmitglieder eine Reduzierung des Vorstands von sieben auf fünf Personen.[297]

Im Juni 1986 hatten die Mitglieder der Wissenschaftlichen Gesellschaft Friedrich G. Barth (Zoologie) und Erika Simon (Klassische Archäologie) in ihre Reihen gewählt.[298]

Erika Simon (1927–2019) trat als erfrischend neue Stimme in der archäologischen Forschung der Nachkriegszeit auf. Während die Zunft weitgehend auf eine eher sterile Stilgeschichte der Bildkunst gerichtet war, bearbeitete sie

292 Vgl. ebd.: Eintrag vom 18.11.1988, S. 177.
293 Vgl. ebd.: Eintrag vom 17.12.1988, S. 179f.
294 Vgl. ebd.: Eintrag vom 14.12.1991, S. 235.
295 Vgl. PB 1995–2020: Eintrag vom 18.11.1996, S. 29.
296 Vgl. ebd.: Eintrag vom 7.6.1997, S. 38.
297 Vgl. ebd.: Eintrag vom 8.7.2000, S. 92.
298 Vgl. Thomas, Werner: JB 1986, S. 3.

in ihrer Dissertation von 1952 über „Opfernde Götter" ein komplexes Bildthema der griechischen Götterwelt. Der damals gefeierten archaischen und klassischen Kunst Griechenlands wandte sie aber schon bald den Rücken zu, um sich fortan als Vorreiterin verstärkt der römischen Kunst und ihren politischen und sozialen Dimensionen zuzuwenden. Bis heute sind ihre frühen Arbeiten zu den Bildprogrammen der Ara Pacis und der Statue des Augustus von Prima Porta unübertroffen. 1957 habilitierte sich Simon in Mainz. In Heidelberg wurde sie 1959 umhabilitiert und erhielt bis 1963 eine außerplanmäßige Professur am dortigen Archäologischen Institut. Danach wechselte sie von 1964 bis zu ihrer Emeritierung 1994 an die Universität Würzburg; Gastprofessuren in Aberdeen, Durban, Wien, Australien, Tallahassee, Austin und Baltimore folgten. Entsprechend zahlreich waren Simons Mitgliedschaften in wissenschaftlichen Institutionen, beispielsweise der Heidelberger Akademie der Wissenschaften oder dem Deutschen Archäologischen Institut, ebenso wie die Zahl ihrer Auszeichnungen, die den Bayerischen Verdienstorden umfassten ebenso wie das Goldene Athos-Kreuz des Markus-Ordens des Patriarchats von Alexandrien, um nur einige zu nennen.[299]

Im Juli 1988 erfolgte die Zuwahl Jens Lünings (Vor- und Frühgeschichte),[300] im Juli 1989 des später langjährigen Vorstandsmitglieds Bertram Schefold (Volkswirtschaftslehre und Wirtschaftstheorie).[301] Im Juli 1990 folgten Klaus Reichert (Anglistik und Amerikanistik),[302] im Juni 1992 Michael Stolleis (Öffentliches Recht und Neuere Rechtsgeschichte), Wolf Singer (Neurophysiologie) und das spätere Vorstandsmitglied Joachim Weidmann (Mathematik).[303]

Der Jurist und Rechtshistoriker Michael Stolleis (1941–2021) hatte seit 1960 zunächst in Heidelberg studiert, war dann jedoch an die Universität Würzburg gewechselt, um dort 1965 das Erste und 1969 das Zweite Juristische Staatsexamen abzulegen. Mit der Dissertation „Staatsraison, Recht und Moral in philosophischen Texten des späten 18. Jahrhunderts" wurde er 1967 in München promoviert. Nach einigen Assistentenjahren folgte 1973 die Habilitation für die Fächer Staats- und Verwaltungsrecht, Neuere Rechtsgeschichte und Kirchenrecht. Ein Jahr später rief ihn die Goethe-Universität nach Frankfurt am Main, wo er bis zu seiner Emeritierung 2006 wirkte. Von 1991 bis Ende 2009 war er gleichzeitig Direktor des Max-Planck-Instituts für europäische Rechtsgeschichte. Für seine wissenschaftlichen Arbeiten hauptsächlich in den Bereichen des Öffentlichen Rechts, der Juristischen Zeitgeschichte und der Neueren Rechtsgeschichte erhielt Stolleis schon zu Lebzeiten zahlreiche Auszeichnungen. Die

299 Vgl. Hölscher, Tonio: Nachruf auf Erika Simon. In: Sitzungsberichte der Wissenschaftlichen Gesellschaft an der Johann Wolfgang Goethe-Universität Frankfurt am Main Bd. LVII, Nr. 5. Stuttgart 2020, S. 91f.

300 Vgl. Thomas, Werner: JB 1988, S. 3.

301 Vgl. ders.: JB 1989, S. 3.

302 Vgl. ders.: JB 1990, S. 3.

303 Vgl. ders.: JB 1992, S. 3.

Zahl seiner Mitgliedschaften in wissenschaftlichen Akademien übertraf die Zahl seiner Ehrendoktorate, und er war Träger bedeutendster Wissenschaftspreise, darunter der Leibniz-Preis und der Hegel-Preis. Zudem war Stolleis Vizekanzler des Ordens *Pour le Mérite* für Wissenschaften und Künste. Besonders hervorzuheben ist sein Engagement für die Wissenschaftliche Gesellschaft, der er trotz der zahllosen Verpflichtungen weit über seine langjährige Vorstandsarbeit hinaus nach Kräften zu prosperierender Entwicklung zu verhelfen suchte.[304] Er öffnete Türen, die manch anderem verschlossen geblieben wären.

Im Juli 1993 zugewählt wurden Jost Benedum (Medizingeschichte), Klaus Lüderssen (Strafprozessrecht und Rechtsphilosophie) und Reinhard H. Schmidt (Betriebswirtschaftslehre, Ökonomie des Welthandels).[305]

Der Rechtssoziologe Klaus Lüderssen (1932–2016) schloss sein Studium der Rechtswissenschaft an den Universitäten Marburg und Frankfurt 1957 mit dem Ersten Juristischen Staatsexamen ab, 1962 folgte das Assessorexamen. 1965 wurde Lüderssen bei Wolfgang Preiser in Frankfurt über den Strafgrund der Teilnahme promoviert. 1970 erfolgte ebenda die Habilitation mit einer Arbeit zum Thema „Erfahrung als Rechtsquelle". Danach erhielt er einen Ruf auf einen Lehrstuhl in Göttingen. Aber schon 1971 kehrte er auf eine C4-Professur nach Frankfurt zurück, wo er seitdem Strafrecht, Strafprozessrecht, Rechtsphilosophie und Rechtssoziologie lehrte. Neben seiner Lehre, die sich durch eine aufgeklärte liberale Grundhaltung und großes Interesse am Instrument der Strafe in einer demokratischen Gesellschaft auszeichnete, war Lüderssen als Strafverteidiger tätig. 2000 wurde er emeritiert.[306]

Der Medizinhistoriker Jost Benedum (1937–2003) wurde 1966 in Gießen mit einer Arbeit über das elegische Spätwerk des römischen Dichters Ovid zum Doktor der Philosophie promoviert, nachdem er zuvor Klassische Philologie an der Universität des Saarlandes, in Gießen, an der Pariser Sorbonne, in London und in Athen studiert hatte. Anschließend wurde er Wissenschaftlicher Assistent am Institut für Medizingeschichte der Universität Gießen und nahm dort ein Medizinstudium auf, das er 1970 mit dem Physikum beendete. Nach seiner Habilitation 1972 wurde er im Folgejahr zum kommissarischen Leiter des Instituts für Medizingeschichte ernannt. Als Stipendiat des DAAD konnte Benedum in den 1970er Jahren mehrere archäologische Grabungen auf der griechischen Insel Kos unternehmen, um die Verbindung des Ortes mit dem Arzt Hippokrates zu verifizieren. 1978 erhielt er den Lehrstuhl für Medizingeschichte der Universität Gießen, den er trotz verschiedener Rufe nach Heidelberg und Düsseldorf bis zu seiner Emeritierung 2002 behielt. Seine zahlreichen Forschungsgebiete umfassten die medizinhistorische Epigraphik und Numismatik, die Geschichte

304 Gespräch mit Maria Radnoti-Alföldi und Klaus Vogel am 27.7.2019 im Café Laumer.

305 Vgl. Thomas, Werner: JB 1993, S. 2.

306 Vgl. Günther, Klaus: Nachruf auf Klaus Lüderssen. In: Sitzungsberichte der Wissenschaftlichen Gesellschaft an der Johann Wolfgang Goethe-Universität Frankfurt am Main Bd. LVII, Nr. 5. Stuttgart 2020, S. 59–61.

der Chirurgie und Wundversorgung, die Physikalische Medizin und Balneotherapie, aber auch Geburtshilfe, Kinderheilkunde, Bluttransfusion, Rheumatologie, Phytotherapie und Gesundheitserziehung.[307]

Zugewählt wurden im Juli 1994 Christoph Perels (Direktor des Freien Deutschen Hochstifts, Deutsche Literaturwissenschaft)[308] und im Juli 1995 Reinhard Brandt (Philosophie), Friedrich Kübler (Wirtschafts- und Bürgerliches Recht), Roland Prinzinger (Zoologie) sowie zunächst als korrespondierendes Mitglied der spätere Präsident Peter Janich (Philosophie und Wissenschaftstheorie).[309]

Der Rechtsgelehrte Friedrich Kübler (1932–2013) war 1959 an der Universität Tübingen promoviert worden und dort Assistent geblieben, bis er – 1966 habilitiert – von Tübingen einer Erstberufung nach Gießen folgte. Später ging er nach Konstanz. 1975 wechselte er als Direktor des bankrechtlichen Instituts an den Fachbereich Rechtswissenschaft der Universität Frankfurt und hatte von 1976 bis 1998 den dortigen Lehrstuhl inne. In dieser Zeit gründete er unter anderem das Institut für Medienrecht, warb die Stiftungsgastdozentur für Internationales Bankrecht 1989 ein, wurde Mitglied im *European Shadow Financial Regulatory Committee (ESFRC)* und im beratenden Beirat des *Center for Financial Studies*. Küblers wissenschaftliches Werk umfasst mehr als 20 Bücher und über 100 Beiträge für Fachzeitschriften. Ferner war Kübler Vorstand der Gesellschaft für Rechtsvergleichung, des Deutschen Juristentags, Mitherausgeber der Zeitschrift für das gesamte Handels- und Wirtschaftsrecht, beratender Mitherausgeber des *University of Pennsylvania Journal of International Economics*, des *Columbia Journal of European Law* sowie Mitglied des *American Law Institute*. Entsprechend groß war auch die Trauer um Friedrich Kübler in Übersee: „Fritz possessed the open mind, the intense intellectual interest, instinctive fondness of others, and sense and sensibility which won the admiration and affection of colleagues and students around the world. He was the Law School's most effective bridge to foreign academic communities.“, wie Juraprofessor Robert Mundheim schrieb.[310]

Joachim Engels (Organische Chemie) wurde im Juli 1996 in die Wissenschaftliche Gesellschaft gewählt,[311] ein Jahr darauf Jürgen Petersohn (Mittelalterliche Geschichte), Fritz F. Steininger (Paläontologie und Historische Geologie)[312] und im Juli 1999 Karl Otto Hondrichs (Soziologie).[313]

307 Vgl. Duncker, Hans-Rainer: Nachruf auf Jost Benedum. In: Sitzungsberichte der Wissenschaftlichen Gesellschaft an der Johann Wolfgang Goethe-Universität Frankfurt am Main Bd. XLVI, Nr. 1. Stuttgart 2008, S. 33–42.

308 Vgl. Thomas, Werner: JB 1994, S. 3.

309 Vgl. ders.: JB 1995, S. 4.

310 Vgl. Langenbucher, Katja: Nachruf auf Friedrich Kübler. In: Sitzungsberichte der Wissenschaftlichen Gesellschaft an der Johann Wolfgang Goethe-Universität Frankfurt am Main Bd. LVII, Nr. 5. Stuttgart 2020, S. 33f.

311 Vgl. Thomas, Werner: JB 1996, S. 4.

312 Vgl. ders.: JB 1998, S. 4.

313 Vgl. ders.: JB 1999, S. 2.

Der spätere Präsident Joachim Engels (1944–2018) hatte ab 1964 an den Universitäten Berlin, München und Regensburg Chemie studiert, wo er schließlich 1972 mit einer Arbeit über die Chemie der Nukleinsäuren und die Herstellung von DNS und RNS promoviert wurde. Nach einem US-Aufenthalt als Postdoktorand wechselte er 1973 an die Universität Konstanz. Dort habilitierte er sich 1979 auf dem Gebiet der Nukleotidchemie. Nach einem weiteren Aufenthalt in den USA wechselte er 1982 nach Frankfurt, wo er zunächst für die Hoechst AG eine DNS-Synthese-Gruppe leitete. 1985 rief ihn die Goethe-Universität und bot ihm 1993 einen ordentlichen Lehrstuhl für Bioorganische Chemie an, den er bis zu seiner Emeritierung 2011 behielt. Der Nukleotidchemie, insbesondere der Synthese modifizierter Oligonukleotide blieb sein Forschungsschwerpunkt. Die organische Chemie näher an biologische Fragestellungen heranzuführen, war eines seiner Ziele. Gastprofessuren führten ihn nach Japan, China, Marokko und Südafrika.[314]

Jürgen Petersohn (1935–2017) war 1959 bei Walther Hubatsch in Bonn mit einer Dissertation über „Markgraf Georg Friedrich von Brandenburg-Ansbach als Herzog in Preußen 1578–1603“ promoviert worden. Nach einem Stipendium der Deutschen Forschungsgemeinschaft war er von 1964 bis 1970 als Assistent am Historischen Seminar der Universität Würzburg tätig, wo er sich 1970 für Mittelalterliche Geschichte und historische Hilfswissenschaften habilitierte und 1978 zum außerordentlichen Professor aufstieg. 1981 wurde er auf den Marburger Lehrstuhl für Mittelalterliche Geschichte berufen, den er bis zu seiner Emeritierung 2000 innehatte. Schwerpunkte der Forschung Petersohns waren die Geschichte Brandenburg-Preußens und Pommerns mit Ausblicken nach Skandinavien und Polen im 16. Jahrhundert. Sein Interesse galt der politischen Ideen-, Bildungs- und Kirchengeschichte des Mittelalters mit besonderem Bezug auf Italien und die Landesgeschichte Pommerns, was sich auch in seiner Habilitationsschrift „Der südliche Ostseeraum im kirchlich-politischen Kräftespiel des Reiches, Polens und Dänemarks vom 10. bis 13. Jahrhundert“ widerspiegelte. Petersohn war Mitglied zahlreicher historischer Kommissionen und Gesellschaften. Von 1998 bis 2001 war er Vorsitzender des Konstanzer Arbeitskreises für mittelalterliche Geschichte.[315]

Karl Otto Hondrich (1937–2007) war 1962 in Köln über „Die Ideologien von Interessenverbänden“ promoviert worden und hatte sich 1970 mit einer Arbeit über „Wirtschaftliche Entwicklung, soziale Konflikte und politische Freiheiten“ für das Fach Soziologie habilitiert. 1972 nahm er einen Ruf an die Universität Frankfurt an. Spätere Rufe nach Bonn oder Berlin lehnte er ab und blieb bis zu seiner Emeritierung 2005 an der Goethe-Universität. Sein wissenschaftliches Werk umfasst neben 17 Büchern eine beeindruckende Fülle von Abhandlungen

314 Vgl. Schwalbe, Harald: Nachruf auf Joachim Engels. In: Sitzungsberichte der Wissenschaftlichen Gesellschaft an der Johann Wolfgang Goethe-Universität Frankfurt am Main Bd. LVII, Nr. 5. Stuttgart 2020, S. 77–79.

315 Vgl. Herde, Peter: Nachruf auf Jürgen Petersohn. In: ebd., S. 71–73.

in Fachzeitschriften und wissenschaftlichen Sammelwerken. Inhaltlich bewegte er sich zunächst im Schnittfeld von Wirtschaftswissenschaften und Soziologie, später trat die empirische Sozialforschung hinzu. Daneben schrieb Hondrich zahllose Artikel für Tageszeitungen wie die Frankfurter Allgemeine Zeitung oder die Neue Zürcher Zeitung, wodurch er der Soziologie im deutschsprachigen Raum eine Stimme gab.[316]

Bereits 1999 wurde über eine generelle Verjüngung der Gesellschaft diskutiert. Größtes Problem hierbei war jedoch, dass jüngere Mitglieder – und dieses Problem gilt bis heute – oftmals nur wenig Zeit für zusätzliche Aktivitäten hatten und haben: Nicht nur, weil sie durch Forschung und Lehre eingespannt waren und sind, sondern auch weil Samstage meist für die Familie reserviert würden.[317] Gegenüber früheren Generationen hatten sich Familienstruktur und Aufgabenverteilung in den Familien verändert. Die Berufstätigkeit der Frau und die gemeinsame Teilhabe an Erziehung und Ausbildung der Kinder schränkte den Freiraum der ehemals rein männlich dominierten Professorenschaft für zusätzliche Aktivitäten ein.

In den 2000er Jahren wurde die Mitgliederzahl durch regelmäßige Zuwahlen nochmals erheblich vergrößert. Im Juli 2000 wurden zugewählt Josef Pfeilschifter (Pharmakologie und Toxikologie) sowie Joachim Rückert (Neuere Rechtsgeschichte und Rechtsphilosophie) als neue ordentliche Mitglieder,[318] im Juli 2001 der spätere Präsident Peter Janich (Philosophie und Wissenschaftstheorie) und Siegmar Freiherr von Schnurbein (Geschichte und Kultur der römischen Provinzen, Direktor der Römisch-Germanischen Kommission des Deutschen Archäologischen Instituts Frankfurt am Main),[319] im Juli 2002 Dieter Hoelzer (Hämatologie), Axel Honneth (Sozialphilosophie) und Dirk-Hermann Rischke (Theoretische Physik),[320] ein Jahr später Michael Karas (Pharmazeutische Chemie).[321]

Peter Janich (1942–2016) hatte zunächst Physik und dann Philosophie und Psychologie an den Universitäten Erlangen und Hamburg studiert. 1969 war er im Fach Philosophie mit der Dissertation „Die Protophysik der Zeit" promoviert worden und kurz darauf in die Vereinigten Staaten gegangen, um eine Gastdozentur an der Universität in Austin, Texas, anzutreten. Von 1973 bis 1980 war er Professor für Wissenschaftstheorie der exakten Wissenschaften in Konstanz, wechselte dann aber bis zu seiner Emeritierung 1980 an die Philipps-Universität Marburg. Janich gehörte zu den zunehmend weniger werdenden Philosophen

316 Vgl. Kübler, Friedrich: Nachruf auf Karl Otto Hondrich. In: Sitzungsberichte der Wissenschaftlichen Gesellschaft an der Johann Wolfgang Goethe-Universität Frankfurt am Main Bd. XLVI, Nr. 1. Stuttgart 2008, S. 51–54.
317 Vgl. PB 1995–2020: Eintrag vom 8.5.1999, S. 70.
318 Vgl. Thomas, Werner: JB 2000, S. 3.
319 Vgl. ders.: JB 2001, S. 2.
320 Vgl. ders.: JB 2002, S. 2.
321 Vgl. ders.: JB 2003, S. 2.

der Gegenwart, die nicht nur in einzelnen Bereichen der Philosophie innovativ und führend tätig waren, sondern in Kenntnis der Traditionslinien, in denen sie stehen, aus deren Problemen und Aporien eigene Lösungsansätze entwickeln.[322]

Moritz Epple (Wissenschaftsgeschichte) und Karl-Heinz Kohl (Historische Ethnologie) wurden im Juli 2004 in die Gesellschaft gewählt,[323] im Juli 2005 folgte Günther Binding (Kunstgeschichte und Stadterhaltung),[324] im Juli 2006 dann Bernd Ludwig (Biochemie), Wolfram Martini (Klassische Archäologie), Volker Mosbrugger (Paläontologie) und Luise Schorn-Schütte (Geschichte der Frühen Neuzeit);[325] im Jahr darauf Anne Bohnenkamp-Renken (Direktorin des Freien Deutschen Hochstifts) und Herbert Ströbele (Kernphysik).[326]

Wolfram Martini (1941–2017) studierte in Heidelberg, Lawrence (USA), Mainz, Rom und Hamburg die Fächer Klassische Archäologie, Ur- und Frühgeschichte, Alte Geschichte, Klassische Philologie und Kunstgeschichte. Im Winter 1967/68 wurde er in Hamburg bei Ulf Jantzen mit der Arbeit „Die etruskische Ringsteinglyptik" promoviert und war anschließend bis 1982 Assistent an der Universität Kiel. Von 1969 bis 1979 war er im Auftrag des Deutschen Archäologischen Instituts an der Ausgrabung eines Baukomplexes im antiken Stadtgebiet von Samos beteiligt. In Kiel erfolgte 1977 auch die Habilitation über „Das Gymnasium von Samos I. Die hellenistische Anlage und die kaiserzeitlichen Thermen". Nachdem er von 1983 bis 1985 in Kiel als Professor gelehrt hatte, ging er bis zu seiner Emeritierung 2006 als Professor für Klassische Archäologie nach Gießen. Er war von 1985 bis 2010 Mitglied der Zentraldirektion des Deutschen Archäologischen Instituts in Berlin und seit 1975 korrespondierendes Mitglied des Österreichischen Archäologischen Instituts.[327]

Erneute Überarbeitung der Satzung

Thomas formulierte in seinem ersten Jahresbericht nach Amtsantritt als für ihn wesentliche Anliegen die Stabilisierung der finanziellen Lage und eine Neufassung der Satzung der Wissenschaftlichen Gesellschaft. Eine Satzungsreform war vor allem deshalb notwendig geworden, weil sich Ungereimtheiten bezüglich der Modalitäten zur Zuwahl neuer Mitglieder angehäuft hatten. Die Satzung enthielt zwar bereits Bestimmungen bezüglich Konsequenzen für beharrli-

322 Vgl. Schmitt, Arbogast: Nachruf auf Peter Janich. In: Sitzungsberichte der Wissenschaftlichen Gesellschaft an der Johann Wolfgang Goethe-Universität Frankfurt am Main Bd. LVII, Nr. 5. Stuttgart 2020, S. 63–67.

323 Vgl. Thomas, Werner: JB 2004, S. 1f.

324 Vgl. ders.: JB 2005, S. 2.

325 Vgl. ders.: JB 2006, S. 1f.

326 Vgl. ders.: JB 2007, S. 2.

327 Vgl. Simon, Erika: Nachruf auf Wolfram Martini. In: Sitzungsberichte der Wissenschaftlichen Gesellschaft an der Johann Wolfgang Goethe-Universität Frankfurt am Main Bd. LVII, Nr. 5. Stuttgart 2020, S. 75f.

ches Fernbleiben von den Sitzungen der Gesellschaft. Diese wurden aber nicht umgesetzt. Außerdem wurde erneut eine klarere Bestimmung von Befugnis und Verantwortung innerhalb des Vorstands als „dringend notwendig" angesehen. Schließlich galt es, die im Laufe der letzten zwanzig Jahre verstreuten kleineren Abänderungen der Satzung, über die niemand mehr einen Überblick besaß, zu bereinigen.[328] Bereits auf einer Mitgliederversammlung im Januar 1985 war eine Kommission zur Reform der Satzung eingesetzt worden, bestehend aus dem Präsidenten, seinem Stellvertreter sowie den Mitgliedern Herde, Preiser und Wilk.[329] Über die erarbeiteten Ergebnisse wurde dann in einer weiteren Mitgliederversammlung im Juni abgestimmt. In mehreren teils vierstündigen Marathonsitzungen von Februar bis Mai wurden durch die Kommission entsprechende Änderungen erarbeitet und schließlich in der Mitgliederversammlung vom 22. Juni angenommen. Die Eintragung der neuen Satzung ins Vereinsregister erfolgte am 27. August 1985.[330] Von Zuwahlen wurde in diesem Jahr abgesehen, nicht zuletzt auch wegen der Unstimmigkeiten hinsichtlich der zu reformierenden Wahlformalitäten in der Satzung.[331]

Erfreuliche und weniger erfreuliche Entwicklungen der Finanzen

Zur Frage der Vermögensverwaltung machte der Präsident folgende grundsätzliche Ausführungen: Im Laufe des Jahres 1985 sei es zwar zu „nicht wenige[n], z. T. weithin unerwartete[n] Sprünge[n]" an in- und ausländischen Börsen gekommen. Das in Wertpapieren angelegte Vermögen der Wissenschaftlichen Gesellschaft sei aber – und zu diesem Schluss seien schon sämtliche früheren Überlegungen gekommen – anders nicht anzulegen und daher auch nie anders angelegt worden. Eine alternative Anlage zu Papieren, beispielweise in Immobilien, habe sich stets als nicht realisierbar erwiesen und wäre zudem bei dem schmalen Vermögen, um das es sich handle, nicht mit dem Status einer gemeinnützigen Gesellschaft vereinbar. Regelmäßige Einkünfte könnten daher nur durch Zinserträge und Dividenden oder Kursgewinne erzielt werden. Zunächst nur aus deutschen Aktienanteilen zusammengesetzt, habe Schatzmeister Wacker bis 1980, als er sich nicht mehr weiter in der Lage zur Ausführung dieses Amtes sah und die Betreuung in die Hände der Deutschen Bank gelegt wurde, das Vermögen unter persönlicher Verfolgung der Kurse durch Ankäufe von amerikanischen und kanadischen Aktien erweitern können. Bis Mitte 1985 sei das Vermögen also zu mehr als der Hälfte aus überseeischen Papieren zusammengesetzt gewesen, deren Wert durch Kursverluste und Dollarschwäche gesunken sei, ohne, dass es dabei möglich gewesen wäre, den von der Deut-

328 Vgl. Thomas, Werner: JB 1985, S. 10f.
329 Vgl. PB 1982–1994: Eintrag vom 12.1.1985, S. 78.
330 Vgl. ebd.
331 Vgl. Thomas, Werner: JB 1985, S. 3.

schen Bank eingesetzten Vermögensverwalter zu einer „radikalen Änderung seiner verlustreichen Finanzpolitik“ zu bewegen. Auf Thomas‘ Ersuchen hin habe der Vermögensverwalter gegen einen anderen ausgetauscht werden müssen, der dem Bedürfnis der Gesellschaft nach Stabilisierung und Solidität mehr Verständnis entgegenbringen sollte.[332] (Im Vorstand diskutierte man auch darüber, die Vermögensverwaltung durch die Deutsche Bank lediglich in eine Beratung umzuwandeln,[333] entschied sich letztlich aber gegen diesen Schritt.[334]) In der Folge habe man wieder offensichtlich vernachlässigte europäische Papiere – vorwiegend deutsche und schweizerische – gekauft, woraufhin das Vermögen erneut auf einen Höchststand gestiegen sei. Über die Anlage in festverzinslichen Papieren wollte man nachdenken, sobald das gegenwärtig niedrige Zinsniveau wieder gestiegen sei.[335]

Finanziell war das Jahr 1986 erneut durch Schwankungen und Turbulenzen gekennzeichnet, was Thomas dazu bewog, sich nach alternativen Möglichkeiten der Finanzverwaltung und der Zusammensetzung des Depots zu erkundigen. Auch wollte er weitere Spender hinzugewinnen, um wieder einmal „größere wissenschaftliche Unternehmungen“ durchzuführen, wie in den Anfängen der Straßburger Zeit – womit er wohl Eduard Schwartz‘ noch vor dem Ersten Weltkrieg begonnenes monumentales Projekt der Erarbeitung einer Edition der Akten ökumenischer Konzilien (ACO) meinte, das seinerzeit durch die Straßburger Wissenschaftliche Gesellschaft finanziert worden war.[336]

Der weltweite Börsencrash vom 19. Dezember 1987 hatte erhebliche Auswirkungen auch auf das Vermögen der Wissenschaftlichen Gesellschaft. Es sank um 27 Prozent.[337] Glücklicherweise konnten die Verluste durch die bereits im Frühling erfolgte Zuwahl fördernder Mitglieder wie der Degussa AG, der Hoechst AG, der Metallgesellschaft AG und der Rütgerswerke AG und deren Spenden weitgehend aufgefangen werden.[338] In den folgenden Jahren gab es immer wieder unerwartete Zuwendungen oder auch den Rückzug von Förderern. Die mittlerweile schon zur Gewohnheit gewordenen Schwankungen und Turbulenzen auf den Aktienmärkten haben nicht verhindert, dass durch wiederholt sparsame Haushaltsführung trotz „schmerzhafter Kürzung der bisher gewährten Zuschüsse“ des Wissenschaftsministeriums eine recht befriedigende Publikationstätigkeit und insgesamt ein versöhnlicher Ausklang des Jahres erreicht wer-

332 Vgl. PB 1982–1994: Eintrag vom 6.8.1985, S. 106.
333 Vgl. ebd.: Eintrag vom 13.6.1986, S. 122.
334 Vgl. ebd.: Eintrag vom 15.8.1986, S. 127.
335 Vgl. Thomas, Werner: JB 1985, S. 9f.
336 Vgl. Mühlenberg, Ekkehard: Die Edition der Acta Conciliorum Oecumenicorum (ACO). Methoden und Prinzipien. In: Uta Heil / Anette von Stockhausen (Hrsg.): Crux interpretum. Ein kritischer Rückblick auf das Werk von Eduard Schwartz (= Texte und Untersuchungen zur Geschichte der altchristlichen Literatur 176). Berlin 2015, S. 97–110.
337 Vgl. PB 1982–1994: Eintrag vom 11.12.1987, S. 155.
338 Vgl. ebd.: Eintrag vom 4.4.1987, S. 141.

den konnte, den die Umstellung der Geldanlagen in Richtung festverzinslicher Werte mit sich gebracht hatte, wie der Präsident 1992 konstatierte.[339]

Die Nestlé-AG wurde 1993 zum fördernden Mitglied gewählt. Sie ist das einzige bis heute verbliebene Fördermitglied.[340] Aufgrund der in allen wirtschaftlichen und staatlichen Bereichen erforderlich gewordenen Sparmaßnahmen stellten zwei Förderer – im vorherigen Jahr die Rütgerswerke und nun die Metallgesellschaft – ihre Zuwendungen komplett ein bzw. kürzten sie, wie die Stadt Frankfurt, die sich fast gänzlich zurückzog, erheblich,[341] sodass die Publikationen zum größten Teil durch den Zuschuss der Landesregierung getragen wurden.[342] Auch in den Folgejahren gewährte die Landesregierung noch weiterhin Zuschüsse von immerhin 6.000[343] bzw. 8.000 DM.[344] Unerwartet gingen Spenden aus dem Stiftungsfonds der Deutschen Bank und von Privatiers ein und sicherten die Publikationstätigkeit.[345] Im Herbst des Jahres 2000 war das Gesellschaftsvermögen – wie schon Schatzmeister Adolf Wacker einst vorgeschlagen hatte – zu 76 Prozent festverzinslich angelegt,[346] eine Anlagepolitik, die sich nur wenige Jahre später als richtig erweisen sollte. Während die Marielies-Schleicher-Stiftung im Jahr 2003 10.000 Euro spendete, stellte die Stadt Frankfurt am Main jede weitere Zahlung ein.[347] 2004 gab es keine größeren Spenden mehr, auch nicht seitens des Hessischen Ministeriums für Wissenschaft und Kunst. Dank straffer Haushaltsführung und der Tatsache, dass es weniger eingereichte Manuskripte zu drucken gab, ließ sich dies ausgleichen.[348]

Erfolgreiche Publikations- und Vortragstätigkeit

Die Reihe der Schriften der Wissenschaftlichen Gesellschaft an der Johann Wolfgang Goethe-Universität Frankfurt erfuhr 1985 nach nunmehr zwei Jahrzehnten mit dem Erscheinen der schon seit längerem geplanten Veröffentlichung der Erforschung des Tocharischen 1960–1984 aus der Feder des neugewählten Präsidenten Thomas ihre langersehnte Wiederbelebung.[349] In der Reihe der Frankfurter Wissenschaftlichen Beiträge (Verlag Klostermann) konnte eine unveröffentlicht gebliebene und mehr als 700 Druckseiten umfassende Arbeit des 1985 verstorbenen Frankfurter Mittelalterhistorikers Walter Kienast doch

339 Vgl. Thomas, Werner: JB 1992, S. 7.
340 Vgl. PB 1982–1994: Eintrag vom 6.2.1993, S. 254.
341 Vgl. Thomas, Werner: JB 1993, S. 5.
342 Vgl. ebd, S. 4.
343 Vgl. ders.: JB 1997, S. 7; JB 1998, S. 7.
344 Vgl. ders.: JB 1999, S. 4; JB 2001, S. 4.
345 Vgl. ders.: JB 1995, S. 7.
346 Vgl. PB 1995–2020: Eintrag vom 27.11.2000, S. 94.
347 Vgl. ebd. Eintrag vom 1.12.2003, S. 140.
348 Vgl. Thomas, Werner: JB 2004, S. 3f.
349 Vgl. ders.: JB 1985, S. 6.

noch in Druck gehen. Peter Herde erklärte sich bereit zu Durchsicht, Überprüfung, Ergänzung und Herausgabe des Manuskripts „Die fränkische Vasallität von den Hausmeiern bis zu Ludwig dem Kind und Karl dem Einfältigen",[350] das schließlich 1990 erschien.[351]

Auch in den Jahren 1988 und 1989 konnten dem Verlag Klostermann wieder Manuskripte für die Frankfurter Wissenschaftlichen Beiträge zugeleitet werden. Nach dem Institut für Gemeinwohl, das brieflich nach dem Börsenkrach zunächst von weiteren Zuwendungen abzusehen bat,[352] war die Hoechst AG mit 5.000 DM jährlich der bedeutendste Geber, gefolgt von der Degussa AG mit 2.000 DM und einigen 1.000 DM-Spenden unter anderem der Witwe des verstorbenen Ehrenmitglieds August Oswalt, der Nestlé AG, der Rütgerswerke AG und der Metallgesellschaft AG.[353] Dank des Zuschusses des Ministeriums und der Fördergelder konnten bis 1991 weitere sieben Bände der Sitzungsberichte, Band 7 der Schriften der Wissenschaftlichen Gesellschaft und Band 20 der Frankfurter Wissenschaftlichen Beiträge erscheinen.[354]

Bereits im Jahr 2001 wurde im Vorstand darüber nachgedacht, bei den Vorträgen der Gesellschaft einen Schwerpunkt zu setzen, etwa zum Thema „Aspekte der Einzeldisziplinen zu einem aktuellen Menschenbild". Ende März 2001 ging ein entsprechendes Rundschreiben an die Mitglieder.[355] Bald kristallisierte sich dabei das größere, von Hans-Rainer Duncker geleitete Unternehmen heraus, anlässlich des 100. Geburtstags der Wissenschaftlichen Gesellschaft[356] einen Sammelband mit entsprechenden Beiträgen zu veröffentlichen.[357] Das Projekt blieb Gesprächsthema, und es gab offene Diskussionen auf eigens abgehaltenen außerordentlichen Sitzungen.[358] Darüber hinaus wurden Pläne geschmiedet, dazu noch ein passendes Symposium mit auswärtigen Gelehrten zu veranstalten.[359] Am Ende beteiligten sich insgesamt 14 Mitglieder an dem Sammelband, der unter dem Titel „Beiträge zu einer aktuellen Anthropologie" Anfang Januar 2006 erschien.[360] Die Jubiläumsfeier fand am 20. Oktober 2006 statt. Der Philosoph Peter Janich und der Wissenschaftshistoriker Moritz Epple hielten Festvorträge.[361] Außerdem wurden in Zusammenarbeit mit der Senckenbergischen Naturforschenden Gesellschaft für das Wintersemester 2006/07 weitere öffentliche

350 Vgl. ders.: JB 1986, S. 7.
351 Vgl. ders.: JB 1990, S. 7.
352 Vgl. PB 1982–1994: Eintrag vom 15.4.1988, S. 163.
353 Vgl. Thomas, Werner: JB 1988, S. 6f.
354 Vgl. ders.: JB 1991, S.
355 Vgl. ders.: JB 2001, S. 2.
356 Vgl. PB 1995–2020: Eintrag vom 3.4.2002, S. 112.
357 Vgl. Thomas, Werner: JB 2002, S. 1.
358 Vgl. PB 1995–2020: Eintrag vom 6.4.2002, S. 113f.
359 Vgl. Thomas, Werner: JB 2003, S. 1.
360 Vgl. ders.: JB 2006, S. 4.
361 Vgl. PB 1995–2020: Eintrag vom 23.6.2006, S. 179.

Vorträge vorbereitet.[362] Die Vorträge hielten Roland Prinzinger, Hans-Rainer Duncker, Herrmann Jungraithmayr, Wolfram Martini[363] und Dieter Vaitl.[364]

Die jährliche öffentliche Sitzung der Gesellschaft mit Vortrag wurde traditionsgemäß im Max-Buchner-Festsaal der DECHEMA abgehalten. Aufgrund notwendiger Umbauarbeiten musste in den Jahren 1995 und 1996 in ein neu errichtetes Gästehaus der Universität ausgewichen werden, allerdings mit begrenzter Kapazität von nur etwa 70 Personen. Das war auch der Grund dafür, dass zu Jens Lünings Vortrag „Neolithische Revolution: Ursache und Folgen" im Oktober 1995 und im darauffolgenden Jahr im November 1996 zu Bert Hölldoblers Vortrag „Signale und Informationsverarbeitung in einem Superorganimus" weniger Gäste geladen werden konnten, als üblich.[365] 1997 ging man dann ins Casino des jüngst von den Amerikanern geräumten I. G. Farben-Komplexes auf dem künftigen Campus Westend für die Gesellschafts- und Geisteswissenschaften der Universität.[366]

Die Wissenschaftliche Gesellschaft als Spielball der Politik

Man hätte erwarten können, dass nach so vielen vergeblichen Versuchen die Idee der Gründung einer Akademie endlich begraben war. Aber das politische Fähnchen drehte sich wieder. Bei der vorgezogenen Landtagswahl vom 5. April 1986 hatte die CDU unter ihrem Spitzenkandidaten Walter Wallmann, welcher der SPD schon das Oberbürgermeisteramt der Stadt Frankfurt hatte nehmen können, eine denkbar knappe Mehrheit gewonnen und mit dem Koalitionspartner FDP die erste hessische Nachkriegsregierung gebildet, die nicht von der SPD geführt wurde. Schon während der Koalitionsverhandlungen hatte die FDP ihren Willen bekundet, im Laufe der Legislaturperiode die Gründung einer Hessischen Akademie voranzutreiben. Im Wahlkampf hatte Ruth Wagner, die hochschulpolitische Sprecherin der Partei und angehende hessische Ministerin für Wissenschaft und Kunst, die Wissenschaftliche Gesellschaft als geeignete Institution für eine Akademie bezeichnet und auf Anfrage diese Pläne als „festen Vorsatz" und „Zielvorstellung" ihrer Partei bestätigt, wenn sie auch über das Wann und Wie zum damaligen Zeitpunkt noch keine genaueren Ausführungen machen konnte. Auch seitens der Gesellschaft selbst waren sämtliche Voraussetzungen erfüllt: Wie ähnliche Akademien etwa in Heidelberg, Mainz, Göttingen oder München hatte sie die „Pflege aller Wissenschaften" in ihrer Satzung festgeschrieben, sie hielt obligatorische Sitzungen mit Vorträgen sowohl aus den Geistes- als auch den Naturwissenschaften ab, veröffentlichte diese in Form

362 Vgl. ebd,: Eintrag vom 7.10.2005, S. 168.
363 Vgl. ebd.: Eintrag vom 17.12.2005, S. 171.
364 Vgl. ebd.: Eintrag vom 21.4.2006, S. 175.
365 Vgl. Thomas, Werner: JB 1995, S. 1.
366 Vgl. PB 19950–2020: Eintrag vom 23.6.1997, S. 39.

von Publikationen wie den Schriften und Sitzungsberichten und förderte Forschungsunternehmungen – auch von Nichtmitgliedern. Auch die Formen der Mitgliedschaft, ordentlich und korrespondierend, fördernd oder ehrenhalber, waren identisch mit jenen der „großen Schwestern". Zudem kamen die Mitglieder der Gesellschaft aus ganz Hessen und gehörten oft bereits mehreren Akademien an. Ein Unterschied, wie Thomas im Interview mit der F.A.Z. angab, bestand vielleicht darin, „daß die Forschung hier nicht so breit angelegt ist" – kaum verwunderlich angesichts der Tatsache, dass die Gesellschaft sich schließlich selbst finanzieren musste; das Niveau indessen sei jedoch gleich hoch.[367]

Auch die CDU ließ sich infolge des „veränderte[n] politische[n] Klima[s] im Land", das sich bereits positiv auf die wirtschaftliche Entwicklung ausgewirkt habe, im Folgejahr von der „spürbare[n] Aufbruchstimmung an unseren Hochschulen" anstecken. Generalsekretär Franz Josef Jung erklärte, Ziel der Union sei es, dass Hessen auch auf dem Gebiet der Forschungspolitik die „Nummer eins" in der Bundesrepublik werde. Das Rhein-Main-Gebiet als „erstklassiges europäisches Dienstleistungszentrum" solle sich nach den Vorstellungen der Union nun auch – vielleicht ein wenig steil und tollkühn gedacht – zu einem „wissenschaftlichen Zentrum der Bundesrepublik und der gesamten Europäischen Gemeinschaft" entwickeln, da Forschung der „Schlüssel für eine erfolgreiche Zukunft" sei. Dementsprechend wurde in Wiesbaden auch ein zehnseitiges Papier des CDU-Landesverbands vorgestellt. Es sah die Bildung einer Forschungskommission vor, damit den Hochschulen des Landes ein Gremium zur Verfügung stünde, das imstande wäre „ihre Entwicklungsvorstellungen übergreifend zu bewerten und, wo geboten, strategisch zu verstärken". Daraus könne, so der Landesvorstand weiter, eine Hessische Akademie der Wissenschaften bzw. alternativ in Hessen als zentral gelegenem Bundesland mit seinen hervorragenden Verkehrsverbindungen eine „Tagungs- und Begegnungsstätte für die Wissenschaft" im Einzugsbereich des Rhein-Main-Flughafens eingerichtet werden, ein Wissenschaftszentrum also, das auch Sitz der zu gründenden Hessischen Akademie sein könne; wichtig sei, die europäische Dimension stärker zu berücksichtigen.[368]

Im Juni 1986 beriet die Wissenschaftliche Gesellschaft über die Pläne der neugewählten Landesregierung, eine Hessische Akademie der Wissenschaften zu gründen. Die ordentliche Mitgliederversammlung vom Juni 1987 stand dem Artikel des CDU-Landesverbands grundsätzlich positiv gegenüber. Sie war sich einig darin, die weitere Entwicklung genau zu verfolgen und dabei gleichzeitig die Interessen der Wissenschaftlichen Gesellschaft zu wahren.[369] Das Protokollbuch vermerkt ferner, dass der Präsident den Vorstand im August über den

367 Siebler, Michael: Aus dem Aschenputtel kann eine Prinzessin werden. In: Frankfurter Allgemeine Zeitung 29.4.1987, S. 41.

368 Kühn, Adolf: Für eine Hessische Akademie der Wissenschaften. In: Frankfurter Allgemeine Zeitung 18.10.1988, S. 44.

369 Vgl. PB 1982–1994: Eintrag vom 20.6.1987, S. 149.

Inhalt von Gesprächen informierte, die inzwischen über eine Gründung einer Hessischen Akademie der Wissenschaften geführt worden seien – leider ohne jegliche Angaben zu Gesprächspartnern oder Resultaten.[370] Allerdings können diese Gespräche kaum so vielversprechend verlaufen sein, wie es ein Artikel der Frankfurter Allgemeinen Zeitung suggerierte. Jedenfalls berichtete Thomas Anfang November auf einer Vortragssitzung „kurz" über eine Antwort des Wissenschaftsministeriums hinsichtlich der Frage der Akademiegründung. Offensichtlich war diese weniger ambitioniert als die Ankündigungen Jungs und schlicht negativ ausgefallen.[371] Damit lag das Thema erneut auf Eis. Zwischenzeitlich kursierte offenbar auch Marburg als möglicher Standort einer Akademie.[372]

Aber das Thema war noch nicht vom Tisch. Unter der Leitung Dunckers wurde im Januar 1990 eine Kommission zur Ausarbeitung eines „Grundlagenentwurfs" sowie einer Stellungnahme der Gesellschaft zu den Aufgaben einer Akademie der Wissenschaften eingesetzt, so wie sie laut Plänen des Ministeriums für Wissenschaft und Kunst in Hessen gegründet werden sollte[373] und wie man sie im Vorstand ursprünglich schon sehr früh, nämlich bereits im April 1987, angedacht hatte.[374] Der Entwurf wurde im Laufe des Sommers 1990 mehrfach diskutiert und weiterentwickelt.[375] Kurz darauf bezuschusste die Landesregierung über das Ministerium die Wissenschaftliche Gesellschaft tatsächlich mit 50.000 DM,[376] dieselbe Summe wurde noch einmal für 1991 bereitgestellt.[377] Aber bei der Kommunalwahl von 1989 überholte die SPD in Frankfurt wieder die CDU, und es trat eine ähnliche Situation ein wie schon 1964: Das Land unterstützte eine Akademiegründung, die Stadt nicht. Auch bei den Landtagswahlen von 1991 war die SPD wieder stärker als die CDU. Entsprechend fielen die Landeszuschüsse 1992, 1993 und 1994 wesentlich geringer aus. Immerhin waren es noch jeweils 30.000 DM, 1995 noch 20.000 und 1996 noch 10.000 DM,[378] was zumindest zu einer erheblichen Steigerung der Publikationstätigkeit in diesen Jahren vor allem hinsichtlich der Sitzungsberichte führte.[379] Nach November 1990 findet das Thema Akademiegründung jedoch keine Erwähnung mehr.

370 Vgl. ebd.: Eintrag vom 20.8.1987, S. 150.
371 Vgl. ebd.: Eintrag vom 7.11.1987, S. 153.
372 Vgl. ebd.: Eintrag vom 28.4.1989, S. 186.
373 Vgl. ebd.: Eintrag vom 14.1.1990, S. 197.
374 Vgl. ebd.: Eintrag vom 24.4.1987, S. 143.
375 Vgl. ebd.: Einträge vom 23.4.1990, S. 203, 8.6.1990, S. 207 und 16.11.1990, S. 213.
376 Vgl. ebd.: Eintrag vom 3.2.1990, S. 199.
377 Vgl. Thomas, Werner: JB 1991, S. 6.
378 Vgl. ders.: JB 1992, S. 6; JB 1993, S. 4; JB 1994, S. 4; JB 1995, S. 7; JB 1996, S. 7.
379 Vgl. ders.: JB 1990, S. 6.

Das Raumkarussell dreht sich erneut

Ein im Frühling 1991 durch Raumnot der Universität notwendig gewordener Wechsel der Räumlichkeiten und Umzug der Wissenschaftlichen Gesellschaft vom Kettenhofweg 135 in Räume des Indogermanischen Seminars des Präsidenten in der zentraler gelegenen Georg-Voigt-Straße 6 musste im Jahr darauf überraschend wieder rückgängig gemacht werden. Bis zur Fertigstellung des Neubaus am Campus Bockenheim zog die Wissenschaftliche Gesellschaft wiederum in den Kettenhofweg zurück,[380] dessen Neuanmietung durch die Universität wieder möglich wurde – tatsächlich in neue und besser geeignete Räume.[381]

Mit dem Umzug der Geisteswissenschaften in das seit dem Abzug der Amerikaner Mitte der 1990er Jahre ungenutzte und inzwischen renovierte I. G. Farben-Haus auf dem neuen Campus Westend der Universität Frankfurt ab Sommer 2001 gab die Universität die angemieteten und der Wissenschaftlichen Gesellschaft zur Verfügung gestellten Räumlichkeiten im Kettenhofweg endgültig auf.[382] Die Geschäftsräume fanden nun eine neue Heimat in der Gräfstraße 78 auf dem Campus Bockenheim.[383]

Der politische Wandel in Osteuropa und die deutsche Wiedervereinigung

In diesen Zeitabschnitt fällt auch der größte politisch-ökonomische europäische Transformationsprozess des ausgehenden 20. Jahrhunderts: die Umsturzbewegungen in Polen, Ungarn, der Tschechoslowakei und Rumänien und natürlich auch der Deutschen Demokratischen Republik, die schließlich in den Prozess der deutschen Wiedervereinigung in den Jahren 1989 und 1990 mündeten. Der politische Wandel in Osteuropa wurde von der Wissenschaftlichen Gesellschaft begrüßt. Den Aufzeichnungen der Wissenschaftlichen Gesellschaft ist allerdings nicht zu entnehmen, dass sie sich öffentlich zu politischen Fragen geäußert hätte. Der Transformationsprozess hatte auch finanzielle Auswirkungen. Während Mauerfall und die Aussicht auf Wiedervereinigung den F.A.Z.-Aktienindex zunächst auf einen historischen Höchststand getrieben hatten, kam bald wieder Pessimismus auf, mit Golfkrise, Dollarschwäche und hohen Zinsen. Präsident Werner Thomas resümiert jedoch in seinem Jahresbericht von 1990, dass die Verluste mit Spenden wieder aufgefangen werden konnten.[384]

Interessanterweise findet sich – in Anbetracht der sonst geübten Zurückhaltung in wissenschaftspolitischen Fragen – im Protokollbuch von 1993 ein Eintrag, dass die Gesellschaft die Aufnahme des novellierten Tierschutzgesetzes

380 Vgl. PB 1982–1994: Eintrag vom 24.11.1991, S. 232.
381 Vgl. Thomas, Werner: JB 1992, S. 1.
382 Vgl. ders. JB 2000, S. 1.
383 Vgl. PB 1995–2020: Eintrag vom 3.11.2001, S. 106.
384 Vgl. Thomas, Werner: JB 1990, S. 8.

ins Grundgesetz unterstützte, die jedoch 1993 letztendlich an der Mehrheit im Bundestag scheiterte.[385]

NEUER AUFSCHWUNG UND LÄHMUNG DURCH EINE PANDEMIE, 2008–2022

Präsident Werner Thomas verstarb am Neujahrsmorgen des Jahres 2008 im Alter von 85 Jahren. 23 Jahre lang war er Präsident der Wissenschaftlichen Gesellschaft gewesen, die ihm in dieser Zeit eine „stetige und solide Entwicklung in freundschaftlicher Atmosphäre“[386] verdankte. Diese freundschaftliche Atmosphäre war nicht zuletzt auch das Werk von Frau Thomas gewesen,[387] die für die Vorstandssitzungen, wie Michael Stolleis an seine Zeit im Vorstand zurückblickte, in Bad Homburg immer Kuchen bereithielt,[388] während Thomas seine Gäste mitunter – so im Jubiläumssommer 2006 – auch mit einem Glas Wein empfing.[389] Thomas hatte während dieser langen Amtszeit schon früher daran gedacht, nicht mehr zu kandidieren, sich aber, den Bitten des Vorstands nachgebend, immer wieder grundsätzlich dazu bereiterklärt, die Leitung der Gesellschaft weiterhin zu übernehmen.[390]

Vier neue Präsidenten

Auf die langjährige Präsidentschaft von Werner Thomas folgten mehrere Präsidenten, die die Gesellschaft mit viel Engagement weiterentwickelten. Am 3. Mai 2008 wurde Klaus Vogel, bisher Stellvertreter von Werner Thomas, zum Präsidenten gewählt.[391] Gesundheitsbedingt trat Vogel aber am 20. Oktober 2009 wieder zurück. Herrmann Jungraithmayr wurde kommissarischer Vorsitzender.[392] Auf der letzten ordentlichen Mitgliederversammlung im Dezember des Jahres 2009 wurde der Marburger Philosoph Peter Janich zum neuen Präsidenten gewählt,[393] der – obgleich auch er aus gesundheitlichen Gründen bereits mit seinen Kräften haushalten musste – die Wahl annahm.

385 Vgl. PB 1982–1994: Eintrag vom 6.2.1993, S. 254.
386 Vgl. Vogel, Klaus: JB 2008, S. 1.
387 Vgl. PB 1982–1994: Eintrag vom 18.12.1993, S. 167.
388 Gespräch mit Michael Stolleis am 15.7.2019 in den Räumen der Wissenschaftlichen Gesellschaft.
389 Vgl. PB 1995–2020: Eintrag vom 23.6.2006, S. 179.
390 Vgl. ebd.: Eintrag vom 1.12.2003, S. 141; Eintrag vom 4.12.2006, S. 187.
391 Vgl. ebd.: Eintrag vom 3.5.2008, S. 216.
392 Vgl. Janich, Peter: JB 2011, S. 2.
393 Vgl. ebd., S. 5.

Klaus Vogel

Peter Janich wiederum trat zum 1. Januar 2013 vom Amt des Präsidenten der Wissenschaftlichen Gesellschaft zurück. Neuer Präsident wurde der Chemiker Joachim Engels.[394] Nachdem Engels am 10. Juli 2018 verstorben war, übernahm Michael Stolleis als sein Stellvertreter die Leitung der Gesellschaft bis zur Wahl des Neurowissenschaftlers Herbert Zimmermann zum neuen Präsidenten am 15. Dezember desselben Jahres.[395] In der Mitgliederversammlung vom 13. 11. 2021 wurde Zimmermann in seinem Amt bestätigt, ebenso Susanne Sievers (Schriftführung) und Joachim Weidmann (Schatzmeister). Marcus Willaschek (Stellvertretender Vorsitzender) und Stefan Kadelbach schieden aus. An ihre Stelle traten Guido Pfeifer bzw. Annette Warner.[396]

Peter Janich

394 Vgl. Engels, Joachim: JB 2013, S. 3.
395 Vgl. Stolleis, Michael: JB 2018, S. 3.
396 Vgl. PB 1995–2022: Eintrag vom 13.11.2021, S. 315.

Zuwahlen 2009–2022

In der letzten Dekade wurde die Mitgliederzahl der Gesellschaft noch einmal erheblich ausgeweitet. Ziele waren u.a. die Erhöhung des Frauenanteils der Mitglieder, eine ausgeglichene Repräsentation der akademischen Fächer und die Beteiligung von Frankfurter wissenschaftlichen Einrichtungen außerhalb der Universität, ebenso wie die Einbeziehung von exzellenten Wissenschaftlerinnen und Wissenschaftlern anderer hessischer Universitäten. Zudem sollten die Standorte Darmstadt, Gießen, Marburg und Kassel wieder mehr Berücksichtigung finden, um dem Anspruch auf breite Verankerung der Wissenschaftlichen Gesellschaft in ganz Hessen gerechter zu werden.[397]

In den vergangenen Jahren waren kaum noch korrespondierende Mitglieder zugewählt worden. Oft an außerhessischen Universitäten tätig, hatten sie nur selten an den Aktivitäten der Wissenschaftlichen Gesellschaft teilgenommen. Unter der Führung von Joachim Engels erarbeiteten Michael Stolleis und Wolfgang Naucke eine Satzungsreform, die 2015 in Kraft trat. Infolge wurde künftig nicht mehr zwischen ordentlichen und korrespondierenden Mitgliedern unterschieden. Um die dadurch bedingten Erhöhung der Gesamtmitgliederzahl aufzufangen, wurde die Mitgliederzahl auf maximal 100 festgesetzt.[398]

Joachim Engels

Im Juni 2009 wurden Frank E. Brenker (Geochemie), Stefanie Dimmeler (Kardiologie), Andreas Fahrmeir (Neuere Geschichte, Schwerpunkt 19. Jahrhundert) und Matthias Lutz-Bachmann (Philosophie) in die Gesellschaft gewählt.[399] Katja Langenbucher (Rechtswissenschaft), Hartmut Leppin (Alte Geschichte), Werner Plumpe (Wirtschaftsgeschichte) und Oliver J. Wiertz (Phi-

397 Vgl. Stolleis, Michael: JB 2018, S. 2.
398 Vgl. PB 1995–2020: Eintrag vom 20.12.2014, S. 315.
399 Vgl. Janich, Peter: JB 2011, S. 1.

losophie und Theologie) folgten im Juni 2010,[400] im Dezember 2011 kamen Roman Inderst (Finanzen und Ökonomie), Jutta Schütt (Kunstgeschichte, Leiterin der Graphischen Sammlung des Städels) und Susanne Sievers (Vor- und Frühgeschichte, Zweite Direktorin der Römisch-Germanischen Kommission des Deutschen Archäologischen Instituts)[401] hinzu.

Jutta Schütt (1955–2016) hatte Kunstgeschichte an der Universität Hamburg studiert und das Studium 1992 mit der Dissertation „Rainer faciebat. Zu den Überarbeitungsprozessen im Werk Arnulf Rainers“ abgeschlossen. Zunächst kam sie als Volontärin ans Frankfurter Städel, wurde dann wissenschaftliche Mitarbeiterin der Graphischen Sammlung und 2001 schließlich deren Leiterin. Schütt betreute dort den Sammlungsbestand ab 1750 mit Schwerpunkt auf der Moderne, beschäftigte sich als Kuratorin aber auch mit der Druckgraphik des 19. Jahrhunderts. Später wandte sie sich den international angesehensten Künstlern des 20. Jahrhunderts zu, darunter dem Frankfurter Max Beckmann, dem auch ihre letzten Ausstellungen galten. In den 15 Jahren ihres Wirkens konnte sie die Sammlung des Städels um knapp 1000 Blätter erweitern.[402]

2012 gingen keine neuen Vorschläge für Zuwahlen ein. Einzig der klassische Philologe Arbogast Schmitt, ein langjähriges korrespondierendes Mitglied, wurde zum ordentlichen Mitglied gewählt.[403] Im Juni 2013 wurden zu neuen Mitgliedern[404] Klaus Günther (Strafrecht), Rainer Forst (Philosophie, pol. Theorie), Josef Wachtveitl (Biophysik), Julia Zernack (Skandinavistik), Julika Griem (Anglistik) und Simone Fulda (Pädiatrie und Onkologie) gewählt.[405]

Julia Zernack (1962–2021) studierte zunächst ab 1981 Chemie und Mathematik in Gießen, bevor sie sich nach einem Jahr dazu entschied, an die Goethe-Universität zu wechseln und dort im Magisterstudiengang Skandinavistik, Slawistik und Geschichte zu studieren. Den Magister legte sie schließlich an der Freien Universität Berlin ab. Danach war sie als wissenschaftliche Mitarbeiterin tätig und wurde 1992 mit einer Arbeit zu „Íslendingasögur in Übersetzungen deutscher Germanisten“ promoviert. 1999 wurde Zernack auf die Professur für Nordische Philologie mit altnordistischem Schwerpunkt nach München berufen. 2001 kehrte sie an die Goethe-Universität zurück und übernahm die Leitung des Instituts für Skandinavistik. Ihrer international vernetzten und sichtbaren Forschungstätigkeit hat die Frankfurter Skandinavistik viel zu verdanken. Sie steigerte das Renommée des Instituts weit über Deutschland hinaus, in einer Zeit, in der andere deutsche Standorte wie Göttingen und Tübingen durch Spar-

400 Vgl. ders.: JB 2010, S. 2.
401 Vgl. ders.: JB 2011, S. 2
402 Vgl. Stolleis, Michael: Nachruf auf Jutta Schütt. In: Sitzungsberichte der Wissenschaftlichen Gesellschaft an der Johann Wolfgang Goethe-Universität Frankfurt am Main Bd. LVII, Nr. 5. Stuttgart 2020, S. 69.
403 Vgl. Janich, Peter: JB 2012, S. 2.
404 Vgl. PB 1995–2020: Eintrag vom 15.6.2013, S. 297.
405 Vgl. Engels, Joachim: JB 2013, S. 2.

maßnahmen der Schließung anheimzufallen drohten. Besonders hervorzuheben ist dabei das von Zernack geleitete DFG-Projekt Edda-Rezeption (2007–2014), das sich mit der Verarbeitung der in der Edda überlieferten mythischen Stoffe über die Jahrhunderte in verschiedenen Literaturen und Kulturen auseinandersetzte. Doch nicht nur die Rezeption isländischer Literatur des Mittelalters beschäftigte Zernack. Zusammen mit Klaus Böldl und Andreas Vollmer gab sie zur Frankfurter Buchmesse 2011, auf der Island Gastland war, eine im S. Fischer Verlag erschienene Neuübersetzung von 64 Isländersagas heraus, die so einem breiteren Publikum bekannt wurden. Vollendet werden konnte vor ihrem frühen Tod noch das 1993 von Klaus von See begonnene DFG-Projekt Edda-Kommentar, dessen Leitung sie 2013 ebenfalls übernommen hatte.[406]

2014 wurden als neue Mitglieder hinzugewählt Iwo Amelung (Sinologie), Eva Geulen (Neuere Deutsche Literaturwissenschaft), Alexander Gottschalk (Molekularbiologie und Neurobiochemie), Nina Janich (Germanistische Linguistik), Stefan Kadelbach (Rechtswissenschaft) und Jochen Wambach (Theoretische Kernphysik).[407] Im Juni 2015 erfolgte die Zuwahl von Melanie Wald-Fuhrmann (Musikwissenschaft) und Harald Schwalbe (Organische Chemie).[408] Ein Jahr darauf wurden Christine M. Freitag (Kinder- und Jugendpsychiatrie, Psychosomatik und Psychotherapie), Moritz Bälz (Rechtswissenschaft und Ostasienstudien), Christoph Cornelißen (Neueste Geschichte, Schwerpunkt 20. Jahrhundert), Guido Pfeifer (Antike Rechtsgeschichte, Europäische Privatrechtsgeschichte und Zivilrecht), Andreas Gold (Pädagogische Psychologie) und Herbert Zimmermann (Neurowissenschaft), hinzugewählt.[409] Im Sommer 2017 erfolgte dann die Zuwahl von Marcus Willaschek (Philosophie), Annette Werner (Mathematik), Annette Warner (Wissenschaftsgeschichte), Nicola Fuchs-Schündeln (Makroökonomik und Entwicklungshilfe) und Meike Piepenbring (Ökologie, Evolution und Diversität sowie Mykologie).[410]

Weiterhin wurden neue Mitglieder zugewählt: Im Juni 2018 Hans Aurenhammer (Kunstgeschichte), Vinzenz Brinkmann (Kunstgeschichte, Leiter der Antikensammlung des Liebieghauses), Gunther Hellmann (Politikwissenschaft), Enrico Schleiff (Molekulare Zellbiologie, der spätere Präsident der Goethe-Universität) und Dorothea Weltecke (Mittelalterliche Geschichte),[411] im Juni 2019 Esther Rinke (Romanistik) und Sybille Steinbacher (Leiterin des Fritz Bauer Instituts, Holocaustforschung),[412] im Dezember 2020 Joachim Curtius (Experimentelle Atmosphärenforschung) und Jörg Soppa (Molekulare

406 Vgl. Rinke, Esther: Nachruf auf Julia Zernack. URL: https://www.uni-frankfurt.de/57257073/Nachrufe abgerufen am 10.9.2021.
407 Vgl. PB 1995–2020: Eintrag vom 14.6.2014, S. 308.
408 Vgl. ebd.: Eintrag vom 13.6.2015, S. 323.
409 Vgl. ebd.: Eintrag vom 18.6.2016, S. 335.
410 Vgl. ebd.: Eintrag vom 17.6.2017, S. 348.
411 Vgl. ebd.: Eintrag vom 16.6.2018, S. 358.
412 Vgl. ebd.: Eintrag vom 15.6.2019, S. 371.

Biowissenschaften)[413] sowie im November 2021 Tanja Pommerening (Ägyptologie und Wissenschaftsgeschichte) und im Oktober 2022 Christian Fiebach (Psychologie und kognitive Neurowissenschaft).

Finanzielle Konsolidierung und engere Anbindung an die Universität

Der 2008 gewählte Präsident Klaus Vogel identifizierte sogleich mehrere „Baustellen“ für die zukünftige Arbeit der Gesellschaft. Dazu gehörten die Gewinnung jüngerer Wissenschaftlerinnen und Wissenschaftler, die Belebung des im Dornröschenschlaf ruhenden Verhältnisses zur Universität Frankfurt, Auftreten und Darstellung der Gesellschaft in der Öffentlichkeit sowie die Gewinnung neuer fördernder Mitglieder. Man führte Gespräche mit Universitätspräsident Rudolf Steinberg, den Vizepräsidenten und dem Kanzler, aber auch mit der Vereinigung von Freunden und Förderern der Goethe-Universität und der Chefredakteurin des seit 1983 durch das Präsidium der Universität herausgegebenen Wissenschaftsmagazins „Forschung Frankfurt“. Anträge in der Hoffnung auf Druckkostenzuschüsse bei der Marielies-Schleicher-Stiftung, der Stiftung Polytechnische Gesellschaft sowie der Georg und Franziska Speyerschen Hochschulstiftung[414] wurden im darauffolgenden Jahr überwiegend positiv beantwortet.[415]

Bedingt durch die bereits 2007 einsetzende weltwirtschaftliche Stagnation und die Mitte September 2008 durch den Zusammenbruch der US-amerikanischen Großbank Lehman Brothers ausgelöste weltweite Bankenkrise war das Gesellschaftsvermögen merklich geschrumpft. Dank der durch Thomas langjährig verfolgten Anlagepolitik von mindestens 70 Prozent in festverzinslichen Renten-Papieren hielt sich der Schaden allerdings noch in Grenzen.[416] Infolge der formalen Vorgaben des bisherigen Vertrags war die Aushandlung eines neuen Vermögensverwaltungsvertrags mit der Deutschen Bank notwendig geworden. Dieser wurde im April 2009 abgeschlossen, allerdings auf der Mitgliederversammlung im Juni heftig diskutiert. Es wurde beschlossen, eine *ad-hoc*-Kommission zur Beratung effizienterer Anlagemöglichkeiten einzusetzen, die zunächst im Juli und später noch einmal im September tagte. Schließlich traf sie die Entscheidung, die Verwaltung des Gesellschaftsvermögens von der Deutschen Bank auf die Frankfurter Bankgesellschaft zu übertragen. Das geschah im November des Jahres. Ein Jahr später hatte sich das Vermögen weitgehend erholt.[417] Hans-Rainer Duncker, der sich bislang im Vorstand um die

413 Vgl. Zimmermann, Herbert: JB 2020, S. 2f.
414 Vgl. Vogel, Klaus: JB 2008, S. 3.
415 Vgl. ders.: JB 2009, S. 4.
416 Vgl. ders.: JB 2008, S. 5.
417 Vgl. ders.: JB 2009, S. 3f.

Betreuung der Finanzen gekümmert hatte, übergab diese Aufgabe 2011 an Joachim Weidmann.[418]

Der Finanzkrise folgte eine Niedrigzinsphase, die bis heute anhält. Infolgedessen konnte die Gesellschaft über mehrere Jahre keine zinsbasierten Zugewinne mehr verbuchen. Daher war es der Gesellschaft kaum möglich, über das Minimum an Publikationen hinaus wissenschaftlich unterstützend tätig zu werden. Die finanzielle Situation ihrer wenigen Förderer war naturgemäß nicht besser. Von dem wenigen, was noch an Geldmitteln eintraf – 1.000 Euro von der Nestlé AG (als letztem verbliebenen fördernden Mitglied), letztmalig 500 Euro vom hessischen Wissenschaftsministerium[419] – konnte kaum etwas bestritten werden. Deshalb wurde im Herbst 2011 die Einführung eines Mitgliedsbeitrags zur Diskussion gestellt und mit 61 Prozent positiver Rückmeldung auch befürwortet. Doch die einfache Streichung des Zusatzes zu § 1 der Satzung, sprich, dass keine Mitgliedsbeiträge erhoben würden, stellte sich vor dem Registergericht als unzureichend heraus. Die Satzung müsse „wenigstens irgendeine Regelung zur Frage der Mitgliederbeiträge enthalten und außerdem mit einer satzungsändernden qualifizierten Mehrheit von drei Fünfteln der anwesenden Mitglieder“ beschlossen werden. Auf der Mitgliederversammlung vom 17. Dezember 2011 gab es dafür zwar eine einfache, jedoch nicht die erforderliche Mehrheit.[420]

Ein Kooperationsvertrag mit der Universität

Mit Unterstützung von Michael Stolleis fanden Gespräche des Präsidenten Peter Janich mit dem Präsidenten der Polytechnischen Gesellschaft und dem Vorsitzenden der Stiftung Polytechnische Gesellschaft, mit Staatssekretär Ingmar Jung im hessischen Wissenschaftsministerium und auch mit Staatsminister Wintermeyer in der hessischen Staatskanzlei statt. Sie alle hatten zum Ziel, eine Grundfinanzierung der Wissenschaftlichen Gesellschaft einzuwerben. Alle scheiterten jedoch daran, dass „Statuten oder Grundsatzbeschlüsse dieser Institutionen“ eine Dauerfinanzierung der Gesellschaft ausschlossen.[421] Allerdings konnte das Gesellschaftsmitglied Matthias Lutz-Bachmann in seiner Funktion als Vizepräsident der Goethe-Universität mit der Präsidialabteilung eine „zukunftsträchtige Vereinbarung“ erfechten. Sie sah eine engere Kooperation von Goethe-Universität und Wissenschaftlicher Gesellschaft vor.[422] Dies betraf z.B. die Durchführung öffentlicher Vorträge im Kontext der Reihe „Bürgeruniversität“, oder die Vereinbarung spezifischer Angebote der Graduiertenausbildung in

418 Vgl. Janich, Peter: JB 2011, S. 3.
419 Vgl. ebd., S. 4.
420 Vgl. ders.: JB 2012, S. 1f.
421 Ebd., S. 2.
422 Ders.: JB 2013, S. 1f.

Abstimmung mit der *Goethe Graduate Academy GRADE*. Die Universität würde ihrerseits Infrastruktur und finanzielle Mittel bereitstellen (10.000 Euro jährlich ab 2014, zunächst für drei Jahre[423]). Der Vorteil für die Goethe-Universität lag auf der Hand: Als interdisziplinäre Begegnungsstätte bot die Wissenschaftliche Gesellschaft der Universität die Möglichkeit zu Fachgrenzen überschreitenden Debatten und stellte gleichsam ein Forum dar, auf dem alle Fachbereiche, aber auch sonstig interessierte Personen aller Altersgruppen, miteinander in Kontakt treten konnten.[424]

Gemäß dieser Vereinbarung (Kooperationsvertrag) wurde z.B. im Wintersemester 2014/15 eine Vortrags- und Diskussionsreihe zum Thema „Zwischen Humboldt und Humanressourcen" ausgerichtet, die sowohl von Mitgliedern der Wissenschaftlichen Gesellschaft als auch der Universität bestritten wurde und alle zwei Wochen im Eisenhower-Saal des I. G. Farben-Hauses auf dem neuen Campus Westend stattfand. Zusätzlich erklärten sich Michael Stolleis und Hartmut Leppin dazu bereit, sich bei der Graduiertenakademie *GRADE* als „Trainer" zu registrieren und im Sommer 2014 einen Workshop über Grundlagen und Vorgehensweise beim Abfassen einer geisteswissenschaftlichen Dissertation zu veranstalten. Der Workshop war so erfolgreich, dass er im folgenden Sommer wiederholt werden sollte.[425] Joachim Engels als Präsident bot sich *GRADE* als Ombudsmann an.

Erfreulicherweise konnten Michael Stolleis und Joachim Engels im Jahre 2018 mit der Goethe-Universität eine neue Kooperationsvereinbarung abschließen, die (begrenzt auf fünf Jahre) eine jährliche Zuwendung von 10.000 Euro beinhaltete. Dadurch konnte ein Teil der Publikationskosten gedeckt werden.[426]

Die endgültige Lösung der Raumfrage?

Nach wie vor hatte die Wissenschaftliche Gesellschaft keine feste Bleibe. Im Januar 2010 zog sie aus der Gräfstraße in den altehrwürdigen Universitätsbau des Jügelhauses um, wo sie ihre Sitzungen fortan im Alten Senatssaal abhalten konnte.[427] Allerdings übergab die Universität im Zuge des Umzugs auf den neuen Campus Westend das Jügelhaus an die Senckenbergische Naturforschende Gesellschaft. Damit stand die Raumfrage schon zwei Jahre später erneut zur Diskussion. Es zeichnete sich rasch ab, dass die Wissenschaftliche Gesellschaft mit Beginn der geplanten Umbauarbeiten des Jügelhauses provisorisch in das in unmittelbarer Nachbarschaft gelegene Gebäude Senckenberg-Anlage 31, das

423 Vgl. Engels, Joachim: JB 2014, S. 1.
424 Vgl. ders.: JB 2017, S. 2.
425 Vgl. PB 1995–2020: Eintrag vom 5.7.2014, S. 310.
426 Vgl. Stolleis, Michael: JB 2018, S. 3.
427 Vgl. Janich, Peter: JB 2010, S. 1.

Juridicum, würde umziehen müssen.[428] Die dortigen neuen Räume im vierten Stock, ein Schreibzimmer und ein Seminarraum, der fortan als Sitzungszimmer dienen sowie Bibliothek und Akten der Gesellschaft beherbergen konnte, wurden im Juli 2013 „bis auf weiteres“[429] bezogen.[430] Bereits fünf Jahre später musste erneut über einen Umzug nachgedacht werden. Das Juridicum sollte nach dem kompletten Umzug der „Restuniversität“ vom Campus Bockenheim auf den Campus Westend abgerissen werden. Die Wissenschaftliche Gesellschaft strebte nun eine neue Heimat auf dem Campus Westend an.[431] Dank der erfolgreichen Sondierungen von Michael Stolleis konnte die Geschäftsstelle im Dezember 2020 in einen Raum des Gebäudes Max-Horkheimer-Straße 2 auf dem Campus Westend umziehen. Das Gebäude war im Zuge der erfolgreichen Exzellenzinitiative „Normative Ordnungen“ neu errichtet worden und bot nach dessen Auslaufen Platz für die Geschäftsstelle. Die alten Möbel wurden entsorgt und neue aus dem Fundus des Exzellenzclusters bereitgestellt. Die Wissenschaftliche Gesellschaft besitzt dort zwar keinen eigenen Versammlungsraum mehr, kann aber auf die Seminarräume des Gebäudes zurückgreifen. Das Juridicum steht bis heute.

Erfolgreiche Fortsetzung der Publikations- und öffentlichen Vortragstätigkeit

Die sehr erfolgreiche Reihe der Kooperationsvorträge mit der Senckenbergischen Naturforschenden Gesellschaft wurde im Winter des Darwin-Jahres 2009 fortgesetzt. Sie fand ein „gutes Echo“. Bis zu 200 Zuhörer besuchten jeweils die einzelnen Veranstaltungen.[432] Um das Verhältnis zur Goethe-Universität wieder etwas zu intensivieren, wurde der Festvortrag im Rahmen der jährlich einmal stattfindenden „öffentlichen Sitzung“ diesmal in Räumlichkeiten der Universität abgehalten. Die noch von Peter Janich für das Wintersemester 2012/13 angestoßene[433] und in Kooperation mit der Senckenberg-Gesellschaft begonnene öffentliche Vortragsreihe unter dem Titel „Der Mensch und seine Tiere. Mensch-Tier-Verhältnisse im Spiegel der Wissenschaften“, die sich ausgesprochener Beliebtheit erfreute, wurde im Frühjahr 2013 zu Ende geführt. Ein zugehöriger Sammelband erschien im Jahr darauf als (bisher letzter) Band 23 der Schriften der Wissenschaftlichen Gesellschaft.[434]

Zum Wintersemester 2015/16 konzipierte Joachim Engels eine Vortragsreihe zum Thema „Du, Deine Gene, Deine Therapie – Auf dem Weg zur personalisier-

428 Vgl. ders.: JB 2012, S. 5.
429 Vgl. Engels, Joachim: JB 2013, S. 4.
430 Vgl. ebd., S. 2.
431 Stolleis, Michael: JB 2018, S. 4.
432 Vgl. Janich, Peter: JB 2011, S. 3.
433 Vgl. ebd., S. 5.
434 Vgl. Engels, Joachim: JB 2013, S. 4.

ten Medizin in der Krebstherapie“ mit vier Vorträgen, zwei Diskussionsforen und internationalen Gastrednern.[435] Die Reihe wurde im Klinikum auf dem Campus Niederrad durchgeführt und war ein voller Erfolg. Sie führte zu zahlreichen Anfragen seitens der Presse und verschiedener Firmen, die hier dargebotenen Informationen nutzen zu dürfen, was nach entsprechenden Rücksprachen genehmigt wurde.[436] Im Wintersemester 2019/20 wurde die Öffentlichkeitsarbeit mit einer vom stellvertretenden Vorsitzenden Marcus Willaschek und Michael Stolleis organisierten, sehr gut besuchten Vortragsreihe zum Thema „Evidenz in der Wissenschaft“ mit Beiträgen aus Philosophie, Medizin, Rechtswissenschaft, Physik und Geschichtswissenschaft fortgesetzt.[437] Im Wintersemester 2021/22 schließlich fand eine wiederum interdisziplinäre Vortragsreihe zum Thema Klimawandel statt. Diese Thematik war in den vergangenen Jahren verstärkt in das allgemeine und politische Bewusstsein getreten und hat zu umfangreichen auch internationalen Aktivitäten geführt, um die menschengemachte Erderwärmung in Grenze zu halten. Die Reihe wurde von Joachim Curtius und Herbert Zimmermann organisiert und gemeinsam mit der Vereinigung von Freunden und Förderern der Goethe-Universität durchgeführt, wegen des Ausbruchs einer Coronapandemie weitgehend online.

Um die Druckkosten der Sitzungsberichte um ca. zwei Drittel zu reduzieren, wurde mit dem Steiner Verlag ein neuer Vertrag ausgehandelt, der den Verlag als Kommissär für die Vergabe einer ISBN-Nummer, für die Werbung und den Verkauf der Publikationen der Gesellschaft vorsah. Die Herstellung der Druckvorlagen (Dateien) führten dann seit Juli 2011 – unter erheblicher Steigerung des eigenen Arbeitsaufwands – Sigmar von Schnurbein, der Publikationsbeauftragte im Vorstand, und Frau Mehrling als neue Leiterin der Geschäftsstelle der Gesellschaft selbst durch.[438] Nach ihrer Wahl in den Vorstand Ende 2016 und entsprechender Einarbeitung übernahm Susanne Sievers 2017 die Betreuung der Schriftenreihen der Gesellschaft und übertrug die Satz- und Druckarbeiten an die Bonifatius GmbH Druck – Buch – Verlag.[439]

Zu diesem Zeitpunkt befand sich die Wissenschaftliche Gesellschaft weiterhin im Schriftenaustausch mit insgesamt 12 nationalen und internationalen Bibliotheken, darunter die Bibliothek der Deutschen Akademie der Naturforscher Leopoldina und die Staatsbibliothek zu Berlin Preußischer Kulturbesitz, aber auch die Washingtoner *Library of Congress*, die Österreichische Akademie der Wissenschaften in Wien, die Serbische Akademie der Wissenschaften in Belgrad und neuerdings auch die Junge Akademie Mainz. Jeweilige Neuerscheinungen

435 Vgl. ders.: JB 2014, S. 2.
436 Vgl. ders.: JB 2016, S. 4.
437 Vgl. Zimmermann, Herbert: Evidenz in der Wissenschaft. Eine Vortragsreihe der Wissenschaftlichen Gesellschaft an der Goethe-Universität. In: UniReport 52 (2019) Heft 5, S. 19.
438 Vgl. Engels, Joachim: JB 2013, S. 5.
439 Vgl. ders.: JB 2016, S. 1.

wurden zu Anfang jeder Vortragssitzung für die teilnehmenden Mitglieder zur Einsicht ausgelegt.[440]

Erhöhung der Sichtbarkeit und weitere Vernetzung der Gesellschaft

Eines der erklärten Ziele des neuen Präsidenten Zimmermann war die Verstärkung der öffentlichen Präsenz und Sichtbarkeit der Wissenschaftlichen Gesellschaft – ein Manko, das auch seitens der Universität wiederholt vorgebracht worden war. Um Sichtbarkeit und Vernetzung der Gesellschaft innerhalb der Universität zu steigern, suchte Zimmermann verstärkt Kontakt zum universitätseigenen UniReport, in dem nun über geplante Aktivitäten der Gesellschaft mehrfach berichtet wurde.[441]

Herbert Zimmermann

Mit der 2018 gegründeten *Johanna Quandt Young Academy at Goethe* wurde eine engere Zusammenarbeit vereinbart. Diese Academy bietet herausragenden Nachwuchswissenschaftlerinnen und Nachwuchswissenschaftlern nicht nur finanzielle Unterstützung, sondern insbesondere auch eine intellektuelle Heimat mit der Möglichkeit zum transdisziplinären Diskurs anhand selbstbestimmter Themen. Den Auftrag, den Dialog zwischen den Wissenschaftsdisziplinen zu befördern und zu vertiefen, teilt sie mit der Wissenschaftlichen Gesellschaft. Bereits am 6. Juni 2019 hatte ein erster gemeinsamer Vortrag zum Thema „Figuren der Schließung: Kreise und Kreisläufe in der Wissenschaftsgeschichte der Ökologie“ im *Frankfurt Intitute for Advanced Studies (FIAS)* auf dem Campus

440 Vgl. ebd., S. 4.
441 Vgl. Hense, Stefanie: Über den Tellerrand hinaus. Die Wissenschaftliche Gesellschaft fördert das interdisziplinäre Gespräch. In: UniReport 53 (2020) Heft 6, S. 15.

Riedberg stattgefunden.[442] Anlässlich einer Zeremonie für die Aufnahme neuer Mitglieder im April 2020 hielt Zimmermann eine Grußadresse, in der er Tätigkeit und Ziele der Wissenschaftlichen Gesellschaft vorstellte. Die Mitglieder der *Young Academy* sind fortan zu den Sitzungen der Wissenschaftlichen Gesellschaft eingeladen.

Zwar reichen die Mittel gegenwärtig nicht aus, um Forschungsvorhaben zu unterstützen. Auf Vorschlag von Zimmermann richtete die Wissenschaftliche Gesellschaft jedoch einen mit 5000 Euro dotierten Förderpreis ein, mit der Zielgruppe junger Nachwuchswissenschaftlerinnen und Nachwuchswissenschaftler, die einen interdisziplinären Forschungsansatz verfolgen und die bereits erfolgreich die ersten Schritte ihrer Karriere gemeistert haben.[443]

Die Zusammenarbeit mit *GRADE* wurde fortgeführt. Auch im Sommersemester 2020 boten Guido Pfeiffer und Annette Warner ein an Doktoranden gerichtetes Trainingsprogramm zum Verfassen altertumswissenschaftlicher Dissertationen an. Darüber hinaus beteiligen sich gegenwärtig zahlreiche Gesellschaftsmitglieder an universitätsassoziierten öffentlichen Aktivitäten, so auch am Forschungskolleg Humanwissenschaften (dessen Direktor Lutz-Bachmann Mitglied der Wissenschaftlichen Gesellschaft ist), den Römergesprächen oder der Ringvorlesung im Rahmen der Universität des 3. Lebensalters, bzw. an Vorträgen und Symposien im Rahmen der Frankfurter Bürger-Universität.[444]

Die Geschichte der Wissenschaftlichen Gesellschaft

Seit dem Festschriftaufsatz Peter Herdes im Jahr 1981 hatte es keine Zusammenfassung der Aktivitäten der Gesellschaft mehr gegeben. Die eigene Geschichte drohte zunehmend in Vergessenheit zu geraten. Um den historischen Kontext zu bewahren, veranlasste Präsident Zimmermann die Ausarbeitung einer vollständigen Liste aller Publikationen der Gesellschaft seit ihrer Gründung im Jahre 1906, die dank der Arbeit des Masterstudenten der Neueren Geschichte Maximilian Sterkel erstellt wurde. Sie wurde auf der Homepage der Wissenschaftlichen Gesellschaft eingestellt und ist diesem Band beigefügt. Ebenso initiierte Zimmermann den hier vorgelegten Abriss der jüngeren Geschichte der Wissenschaftlichen Gesellschaft.

442 Vgl. Zimmermann, Herbert: JB 2019, S. 5.
443 Vgl. ebd., S. 6.
444 Vgl. ders.: JB 2020, S. 4.

Das Virus SARS-CoV-2 und die Variante Omikron führen zu einer dramatischen Pandemie und bremsen die Aktivitäten der Wissenschaftlichen Gesellschaft aus

Ab dem Frühjahr 2020 wurden die Aktivitäten der Wissenschaftlichen Gesellschaft jäh gebremst: Im Dezember 2019 war im chinesischen Wuhan der Ausbruch einer neuen Infektionskrankheit erstmals bestätigt worden, die durch das Coronavirus SARS-CoV-2 verursacht wird. Rasch kam es zum Ausbruch einer weltweiten Pandemie, wobei die ersten europäischen Todesfälle Ende Februar 2020 gemeldet wurden. Die Folge waren weltweit erhebliche, aber notwendige Einschränkungen des gesamten öffentlichen Lebens und der persönlichen Freiheiten (Lockdowns). Während die Sitzungen der Wissenschaftlichen Gesellschaft im Wintersemester 2019/20 noch durchgeführt werden konnten, mussten alle für den Sommer 2020 geplanten Sitzungen und Vorträge entfallen.

Erstaunlich rasch wurden mRNA-Impfstoffe gegen SARS-CoV-2 entwickelt, gefolgt von umfangreichen Impfkampagnen. Allerdings trat 2021 erstmals die hochinfektiöse Variante Omikron auf, die auch geimpfte Personen infizierte. Daher wurden die Einschränkungen fortgesetzt. Im April 2022 wurden sie teilweise zurückgenommen, und die Universität wagte wieder Präsenzveranstaltungen.

Das Videokonferenzsystem Zoom half, die Kommunikation aufrecht zu halten, auch wenn dessen Einführung anfänglich einige Schwierigkeiten bereitete. Zumindest konnten nach der Pause im Sommersemester 2022 die Vorträge auf diese Weise weitergeführt werden. Die Mitgliederversammlung im November 2020 musste erstmals online durchgeführt werden, die Abstimmung erfolgte im Umlaufverfahren per Post.[445] Öffentliche bzw. Festsitzungen der Gesellschaft entfielen gleichermaßen. Die SARS-CoV-2-Pandemie stoppte zunächst auch die Ausschreibung des neu eingerichteten Förderpreises der Wissenschaftlichen Gesellschaft. Im Jahr 2022 wurde der Preis dann erstmals ausgeschrieben. Erste Preisträgerin wurde Dr. Kathrin Bartha vom Institut für England und Amerikastudien der Goethe-Universität. Die Urkunde wurde ihr bei der Festsitzung im Juli 2022 überreicht.

Inzwischen sind weltweit mehr als sechs Millionen Menschen an oder mit der Infektionskrankheit gestorben, über 150.000 allein in Deutschland. Mund-Nasen-Masken prägen das Alltagsbild. Neu entwickelte Impfstoffe und weitere Medikamente nähren die Hoffnung auf ein Wiederaufleben gesellschaftlicher Aktivitäten.

445 Vgl. PB 1995–2022: Eintrag vom 26.10.2020, S. 384.

ANHANG I

VORSITZENDE / PRÄSIDENTEN DER WISSENSCHAFTLICHEN GESELLSCHAFT VON STRASSBURG BIS FRANKFURT AM MAIN

Adolf Michaelis (Kunstgeschichte), 1906–1909 (Straßburg)
Theobald Ziegler (Philosophie), 1909–1911 (Straßburg)
Harry Breslau (Mittlere und Neuere Geschichte), 1911–1926 (Straßburg / Heidelberg)
Eduard Schwartz (Klassische Philologie), 1926–1931 (Heidelberg / Frankfurt)
Albrecht Bethe (Medizin, Physiologie), 1931–1934
Hans Jantzen (Kunstgeschichte), 1934–1937
Walter Platzhoff (Mittlere und Neuere Geschichte), 1937–1945
Julius Schwietering (Germanistik), 1947–1955
Boris Rajewsky (Biophysik), 1955–1970
Helmut Viebrock (Anglistik), 1971
Herbert O'Daniel (Kristallographie), 1972–1977
Hermann Hartmann (Physikalische Chemie), 1977–1984
Werner Thomas (Indogermanische Sprachwissenschaft), 1985–2008
Klaus Vogel (Paläontologie), 2008–2009
Peter Janich (Theoretische Philosophie), 2009–2012
Joachim Engels (Organische Chemie), 2013–2018
Herbert Zimmermann (Biologie, Neurowissenschaft) seit 2019

ANHANG II

SEIT 1955 ZUGEWÄHLTE ORDENTLICHE BZW. AUSWÄRTIGE / KORRESPONDIERENDE MITGLIEDER DER WISSENSCHAFTLICHEN GESELLSCHAFT

Name Vorname, Eintrittsjahr

Amelung Iwo, 2016
Artelt Walter, 1961
Aurenhammer Hans, 2018
Bälz Moritz, 2016
Barth Friedrich G., 1986
Becker Friedrich, 1977
Benedum Jost, 1989
Berckhemer Hans, 1984
Beumann Helmut, 1973
Bilz Heinz, 1967

Binding Günther, 2002
Bleicken Jochen, 1971
Böhm Franz, 1955
Bohnenkamp-Renken Anne, 2007
Brandt Reinhard, 1988
Brecht Walter, 1974
Brenker Frank E., 2009
Brinkmann Vinzenz, 2018
Brückner Wolfgang, 1975
Brühl Carlrichard, 1971
Buck August, 1971
Cattaneo Mario A., 1997
Coing Helmut, 1955
Cornelißen Christoph, 2016
Curtius Joachim, 2021
Czerny Marianus, 1955
Dänzer Hermann, 1965
Dessauer Friedrich, 1955
Dietz Karlheinz, 2006
Dimmeler Stefanie, 2009
Donner Herbert, 1977
Duncker Hans-Rainer, 1982
Engels Joachim, 1996
Epple Moritz, 2004
Erler Adalbert, 1958
Fahrmeir Andreas, 2009
Fasold Hugo, 1987
Federlin Konrad, 1996
Fiebach Christian, 2022
Finscher Ludwig, 1980
Forst Rainer, 2013
Franz Wolfgang, 1961
Freitag Christine M., 2016
Fuchs-Schündeln Nicola, 2017
Fulda Simone, 2013
Gans Oskar, 1958
Ganzer Klaus, 1993
Georgii Hans W., 1976
Gold Andreas, 2016
Gottschalk Alexander, 2014
Greiner Walter, 1975
Grewe Wilhelm G., 1984
Geulen Eva, 2014
Griem Julika, 2013
Günther Klaus, 2013
Haberland Eike, 1973
Häuser Karl, 1975
Harbauer Hubert, 1976
Harder Hans-Bernhard, 1975
Hartmann Hermann, 1961
Hax Herbert, 1990
Heinz Erich, 1961
Hellmann Gunther, 2018
Hennis Wilhelm, 1982
Herde Peter, 1975
Herzog Erich, 1975
Hildebrand Klaus, 1990
Hillgruber Andreas, 1986
Hirschberger Johannes, 1967
Hölldobler Bert, 1990
Hoelzer Dieter, 2002
Hondrich Karl-Otto, 1999
Honneth Axel, 2002
Horkheimer Max, 1955
Horner Leopold, 1974
Hund Friedrich, 1955
Inderst Roman, 2012
Isele Hellmut, 1964
Issing Otmar, 1998
Janich Peter, 1995
Janich Nina, 2014
Johanson Lars, 1988
Jelitto Rainer, 1979
Jungraithmayr Herrmann, 1976
Kadelbach Stefan, 2014
Karas Michael, 2003
Keller Harald, 1961
Kielmansegg Peter Graf, 1995
Kirn Paul, 1956
Kleiner Gerhard, 1961
Klinke Rainer, 1983
Kohl Karl-Heinz, 2004
Kohlenbach Ulrich, 2008
Konrad Ulrich, 1997
Korsch Dietrich, 2002
Kraft Konrad, 1967
Krämer Werner, 1972
Krücke Wilhelm G., 1956

Kübler Friedrich, 1995
Kümmel Werner G., 1972
Küpfmüller Karl, 1974
Kummer Stefan, 1992
Lammers Walther, 1974
Langenbucher Katja, 2010
Lauche Arnold, 1955
Leonhard Joachim-Felix, 2003
Leppin Hartmut, 2010
Liebrucks Bruno, 1974
Lindauer Martin, 1972
Ludat Herbert, 1973
Ludwig Bernd, 2006
Lüderssen Klaus, 1993
Lüning Jens, 1988
Lutz-Bachmann Matthias, 2009
Mann Gunter, 1976
Martini Wolfram, 2000
Modèer Kjell Ake, 1995
Möller Hans, 1956
Mosbrugger Volker, 2006
Müller Franz Walter, 1968
Müller Gerhard, 1978
Müller-Karpe Hermann, 1968
Nasemann Theodor, 1972
Naucke Wolfgang, 1977
Neumark Fritz, 1955
Nultsch Wilhelm, 1976
O'Daniel Herbert, 1956
Oesterle Günter, 2007
Oppelt Winfried, 1976
Otten, Heinrich 1971
Patzer Wolfgang, 1958
Perels Christoph, 1994
Peter Hans, 1965
Petersohn Jürgen, 1991
Pfeifer Guido, 2016
Pfeilschifter Josef, 2000
Piepenbring Meike, 2017
Plumpe Werner, 2010
Pommerening Tanja, 2021
Preiser Wolfgang, 1956
Prinzinger Roland, 1995
Radnoti-Alföldi Maria, 1973
Rammelmeyer Alfred, 1964
Rau Wilhelm, 1972
Reichert Klaus, 1990
Rinke Esther, 2019
Rischke Dirk-Hermann, 2002
Ritter Hellmut, 1955
Rott Rudolf, 1984
Royen Paul, 1956
Rudder Bernhard de, 1955
Rüegg Walter, 1971
Rückert Joachim, 2000
Sartori Guido, 1979
Sauermann Heinz, 1956
Schefold Bertram, 1989
Schleiff Enrico, 2018
Schmidt Kurt, 1979
Schmidt Paul Gerhard, 1986
Schmidt Reinhard, 1993
Schmitt Arbogast, 1996
Schmitt Hatto H., 1978
Schnurbein Siegmar von, 2001
Schönberger Hans, 1978
Schopper Erwin, 1964
Schorn-Schütte Luise, 2006
Schröder Werner, 1976
Schubert Friedrich-Herrmann, 1971
Schütt Jutta, 2012
Schwalbe Harald, 2015
Schwarz Wolfgang, 1976
Sellheim Rudolf, 1967
Siddiqi Raziuddin, 1980
Sievers Susanne, 2012
Simon Erika, 1984
Singer Wolf, 1992
Skommodau Hans, 1958
Soppa Jörg, 2020
Speer Andreas, 2007
Starck Dietrich, 1962
Staudinger Hansjürgen, 1972
Steidle Wolfgang, 1973
Steinbacher Sibylle, 2019
Steininger Fritz, 1998
Sternberger Dolf, 1972
Stolleis Michael, 1992

Strasburger Hermann, 1956
Ströbele Herbert, 2007
Tenbruck Friedrich, 1976
Thomas Werner, 1971
Uhlmann Gyburg, 2009
Vaitl Dieter, 2000
Viebrock Helmut, 1958
Vogel Klaus, 1973
Vossler Otto, 1955
Wachtveitl Josef, 2013
Wacker Adolf, 1972
Wald-Fuhrmann Melanie, 2015
Wambach Jochen, 2014
Warner Annette, 2017
Weber Gottfried, 1956
Weidmann Joachim, 1992
Weltecke Dorothea, 2018
Werner Annette, 2017
Wezler Karl, 1956
Wieland Theodor, 1956
Wiertz Oliver, 2010
Willaschek Marcus, 2017
Wilk Manfred, 1974
Winter Erich, 1976
Wittmann Waldemar, 1971
Zenner Hans-Peter, 1988
Zernack Julia, 2013
Zimmermann Herbert, 2016

EHRENMITGLIEDER DER WISSENSCHAFTLICHEN GESELLSCHAFT SEIT 1960

Name Vorname, Eintrittsjahr

Oswalt August, 1974
Scherf Heinz, 1974

ANHANG III

PUBLIKATIONEN DER WISSENSCHAFTLICHEN GESELLSCHAFT AN DER JOHANN WOLFGANG GOETHE-UNIVERSITÄT FRANKFURT AM MAIN UND IHRER VORGÄNGERGESELLSCHAFTEN

Zusammengestellt von Maximilian Sterkel

Die Publikationsliste umfasst eine vollständige Zusammenstellung der Schriften der Wissenschaftlichen Gesellschaft an der Johann Wolfgang Goethe-Universität Frankfurt am Main bis zum Jahr 2022. Eingeschlossen sind die Publikationen der im Jahr 1906 gegründeten Straßburger Wissenschaftlichen Gesellschaft, aus der die Frankfurter Wissenschaftliche Gesellschaft hervorgegangen ist. Letztere wurden als Schriften der Wissenschaftlichen Gesellschaft in Straßburg herausgegeben. Auch nach der Ausweisung aus Straßburg und ihrem Interimsaufenthalt in Heidelberg in den 1920er Jahren sowie dem offiziellen Umzug nach Frankfurt am Main im Jahr 1931 behielt die Gesellschaft zunächst ihren Straßburger Namen. Die Publikationen (Schriften) der Straßburger Gesellschaft umfassen den Zeitraum von 1907 bis 1929. Von 1907 bis 1919 wurden die Schriften in Straßburg publiziert (A 1), von 1920 bis 1929 in Heidelberg (A 2). Nach dem Umzug der Gesellschaft nach Frankfurt am Main entstanden in den Jahren 1930/1931 zunächst lediglich drei weitere Schriften (A 3). Erst ab 1958 und nach der Umbenennung der Gesellschaft in Wissenschaftliche Gesellschaft an der Johann Wolfgang Goethe-Universität Frankfurt am Main wurden weitere Schriften publiziert, zunächst eine Geisteswissenschaftliche Reihe von 1958 bis 1999 (A 4) und eine Naturwissenschaftliche Reihe, die nur aus einem Band besteht (A 5). Anschließend wurden die Schriften der Wissenschaftlichen Gesellschaft in unregelmäßiger Folge von 2000 bis 2014 fortgeführt, allerdings ohne die frühere inhaltliche Unterteilung (A 6). Daneben steht eine Einzelveröffentlichung aus dem Jahr 1981, die Festschrift zum 75-jährigen Bestehen der Wissenschaftlichen Gesellschaft, die auch den ersten Abriss der Geschichte der Gesellschaft enthält (A 7). Im Jahr 1962 wurde eine neue Reihe aufgelegt, die Sitzungsberichte der Wissenschaftlichen Gesellschaft an der Johann Wolfgang Goethe-Universität Frankfurt am Main. Sie wird bis heute fortgeführt (A 8). Sofern es sich bei den Publikationen um Multiautorenbände handelt, sind die Textbeiträge einzeln aufgeschlüsselt.

Zusätzlich zu den bereits genannten Publikationsreihen konnte die Wissenschaftliche Gesellschaft mit Unterstützung der Stadt Frankfurt schon ab 1939 eigene umfangreiche Bände herausgeben, die Frankfurter Wissenschaftlichen Beiträge. Diese wurden zunächst unter dem Namen der „Straßburger Wissenschaftlichen Gesellschaft an der Johann Wolfgang Goethe-Universität Frankfurt am Main“ und dann der „Wissenschaftlichen Gesellschaft an der Johann Wolfgang Goethe-Universität Frankfurt am Main“ in loser Abfolge und unterbrochen durch die Kriegs- und Nachkriegsereignisse publiziert: eine Rechts- und Wirtschaftswissenschaftliche Reihe, 1939 bis 1971 (B 1), eine Naturwissenschaftliche Reihe (bestehend aus einem Band), 1939 (B 2) und eine Kulturwissenschaftliche Reihe, 1940 bis 1992 (B 3).

Für die geleistete Arbeit und die bei Recherche und Zusammenstellung dieses Publikationsverzeichnisses aufgewendeten Mühen drückt die Wissenschaftliche Gesellschaft Herrn Maximilian Sterkel ihren besonderen Dank aus.

A. Schriften der Wissenschaftlichen Gesellschaft aus Straßburg, Heidelberg und Frankfurt

A. 1. Schriften der Wissenschaftlichen Gesellschaft in Straßburg, Schriftenreihe 1907–1919, Karl J. Trübner Verlag, Straßburg

Heft 1 WILHELM SPIEGELBERG
Der Papyrus Libbey
Ein ägyptischer Heiratsvertrag
1907. 12 Seiten mit 3 Tafeln, brosch.

Heft 2 ENNO LITTMANN
Arabische Beduinenerzählungen
Arabischer Text
1908. 58 Seiten, brosch.

Heft 3 ENNO LITTMANN
Arabische Beduinenerzählungen
Übersetzung
1908. 57 Seiten mit 16 Abb., brosch.

Heft 4 ALBERT EHRHARD
Die griechischen Martyrien
Mit Anhang: **Erster Jahresbericht der Wissenschaftlichen Gesellschaft in Straßburg** von ADOLF MICHAELIS
1907. 30 + 8 Seiten, brosch.

Heft 5 RICHARD REITZENSTEIN
Studien zu Quintilians größeren Deklamationen
1909. 90 Seiten, brosch.

Heft 6 EDUARD SCHWARTZ
Über die pseudoapostolischen Kirchenordnungen
Mit Anhang: **Zweiter Jahresbericht der Wissenschaftlichen Gesellschaft in Straßburg** von THEOBALD ZIEGLER
1910. 40 + 15 Seiten, brosch.

Heft 7 EDUARD SCHWARTZ
Bußstufen und Katechumenatsklassen
1911. 61 Seiten, brosch.

Heft 8 FRIEDRICH PREISIGKE (Hg.)
Griechische Urkunden des Ägyptischen Museums zu Kairo
1911. 58 Seiten, brosch.

Heft 9 WALTER LENEL
Venezianisch-Istrische Studien
1911. 197 Seiten, brosch.

Heft 10 ERNST LEUMANN
Zur nordarischen Sprache und Literatur
Vorbemerkungen und vier Aufsätze mit Glossar
1912. 147 Seiten, brosch.

Heft 11 HERMANN REHM
Die juristische Persönlichkeit der standesherrlichen Familie
1911. 76 Seiten, brosch.

Heft 12 THEODOR NÖLDEKE
Burzoes Einleitung zu dem Buche Kalīla waDimna
1912. 27 Seiten, brosch.

Heft 13 OTTO GRADENWITZ, FRIEDRICH PREISIGKE, WILHELM SPIEGELBERG
Ein Erbstreit aus dem ptolemäischen Ägypten
1912. 62 Seiten, brosch.

Heft 14 HARRRY BRESSLAU
Das tausendjährige Jubiläum der deutschen Selbstständigkeit
Mit Anhang: **4. und 5. Jahresbericht der Wissenschaftlichen Gesellschaft in Straßburg** von THEOBALD ZIEGLER
1912. 16 + 17 Seiten, brosch.

Heft 15 FRANZ WINTER
Der Alexandersarkophag aus Sidon
1912. 18 Seiten, brosch.

Heft 16 HERMANN REHM
Die standesherrliche Schiedsgerichtbarkeit
Ihre Zulässigkeit und ihre Grenzen im heutigen Rechte. Denkschrift
1912. 57 Seiten, brosch.

Heft 17 FRANZ HOFMEISTER
Chemische Steuerungsvorgänge im Tierkörper
Mit Anhang: **6. Jahresbericht**, erstattet von HARRY BRESSLAU
1912. 15 + 20 Seiten, brosch.

Heft 18 WALTER EWING CRUM (Hg.)
Der Papyruscodex saec. VI–VII der Phillippsbibliothek in Cheltenham
Koptische theologische Schriften
Mit einem Beitrag: **Zur literaturhistorischen und theologischen Würdigung der Texte** von ALBERT EHRHARD
1915. 171 Seiten, brosch.

Heft 19 FRIEDRICH PREISIGKE, WILHELM SPIEGELBERG (Hg.)
Die Prinz-Joachim-Ostraka
Griechische und demotische Beisetzungsurkunden für Ibis- und Falkenmumien aus Ombos
1914. 69 Seiten, brosch.

Heft 20 EDUARD SCHWARTZ
Konzilstudien
I. Cassian und Nestorius
II. Über echte und unechte Schriften des Bischofs Proklos von Konstantinopel
1914. 70 Seiten, brosch.

Heft 21 HUGO HERGESELL (Hg.)
Das Deutsche Observatorium in Spitzbergen: Beobachtungen und Ergebnisse, I.
1914. 65 Seiten, brosch.

Heft 22 KARL SAPPER
Die Bevölkerung Mittelamerikas
Mit Anhang: **7. Jahresbericht**, erstattet von HARRY BRESSLAU
1914. 32 + 7 Seiten, brosch.

Heft 23 ALFRED HESSEL
Elsässische Urkunden
Vornehmlich des 13. Jahrhunderts
1915. 74 Seiten, brosch.

Heft 24 GEORG LEDDERHOSE
Die Arthritis deformans als Allgemeinerkrankung
1915. 40 Seiten, brosch.

Heft 25 KURT SETHE
Von Zahlen und Zahlworten bei den alten Ägyptern und was für andere Völker und Sprachen daraus zu lernen ist
Ein Beitrag zur Geschichte von Rechenkunst und Sprache
1916. 147 Seiten, brosch.

Heft 26 ERICH KLOSTERMANN
Späte Vergeltung
Aus der Geschichte der Theodicee
1916. 62 Seiten, brosch.

Heft 27 KARL SAPPER
Katalog der geschichtlichen Vulkanausbrüche
1917. 358 Seiten, brosch.

Heft 28 LEOPOLD WERVEKE
Die Ergebnisse der geologischen Forschungen in Elsaß-Lothringen und ihre Verwendung zu Kriegszwecken
1916. 73 Seiten, brosch.

Heft 29 HERMANN REHM
Die Ebenbürtigkeitsfrage im Hause Croy
1916. 30 Seiten, brosch.

Heft 30 FRIEDRICH PREISIGKE
Die Inschrift von Skaptoparene in ihrer Beziehung zur kaiserlichen Kanzlei in Rom
1917. 79 Seiten, brosch.

Heft 31 AUGUST FRICKENHAUS
Die altgriechische Bühne
Mit einer Beilage von Eduard Schwartz
1917. 131 Seiten, brosch.

Heft 32 BERTHOLD COHN
Der Almanach perpetuum des Abraham Zacuto
Ein Beitrag zur Geschichte der Astronomie im Mittelalter
1918. 48 Seiten, brosch.

Heft 33 ERICH MEYER
Zur Pathologie und Physiologie des Durstes
1918. 48 Seiten, brosch.

Heft 34 EDUARD SCHWARTZ
Zur Entstehung der Ilias
1918. 40 Seiten, brosch.

Heft 35 AUGUST KNECHT
Das neue Kirchliche Gesetzbuch Codex Juris Canonici
1918. 71 Seiten, brosch.

Heft 36 OSWALD SCHMIEDEBACH
Über die Pharmaka in der Ilias und Odyssee
1918. 29 Seiten, brosch.

Heft 37 OSKAR SCHULTZ-GORA
Provenzalische Studien 1
1919. 103 Seiten, brosch.

A. 2. Schriften der Wissenschaftlichen Gesellschaft in Heidelberg, Neue Folge 1920–1929, Vereinigung Wissenschaftlicher Verleger & Co., Leipzig und Berlin (ab Heft 8: Walther de Gruyter & Co., Berlin)

Heft 1 FRANZ KEIBEL
Die Harmonie in der Entwicklung der Organismen
1920. 18 Seiten, brosch.

Heft 2 OSKAR SCHULTZ-GORA
Provenzalische Studien 2
1921. 153 Seiten, brosch.

Heft 3 ARTUR SCHNEIDER
Die Erkenntnislehre des Johannes Eriugena im Rahmen ihrer metaphysischen und anthropologischen Voraussetzungen nach den Quellen 1
1921. 68 Seiten, brosch.

Heft 4 GEORG BEER
Steinverehrung bei den Israeliten
Ein Beitrag zur semitischen und allgemeinen Religionsgeschichte
1921. 22 Seiten, brosch.

Heft 5 OTTO LENEL
Das amerikanische Regierungssystem
Mit Anhang: **14. Jahresbericht**, erstattet von HARRY BRESSLAU
1922. 29 + 4 Seiten, brosch.

Heft 6 FRANZ SCHULTZ
Steinmar im Straßburger Münster
Ein Beitrag zur Geschichte des Naturalismus im 13. Jahrhundert
1922. 15 Seiten, brosch.

Heft 7 ARTUR SCHNEIDER
Die Erkenntnislehre des Johannes Eriugena im Rahmen ihrer metaphysischen und anthropologischen Voraussetzungen nach den Quellen 2
1923. 128 Seiten, brosch.

Heft 8 ROBERT HOLTZMANN
Der Kaiser als Marschall des Papstes
Eine Untersuchung zur Geschichte der Beziehungen zwischen Kaiser und Papst im Mittelalter
1928. 50 Seiten, brosch.

Heft 9 CARL FRANK
Straßburger Keilschrifttexte in sumerischer und babylonischer Sprache
1928. 36 Seiten, brosch.

Heft 10 KARL BOPP
Drei Untersuchungen zur Geschichte der Mathematik
1929. 66 Seiten, brosch.

A. 3. Schriften der Wissenschaftlichen Gesellschaft an der Johann Wolfgang Goethe-Universität Frankfurt am Main, Neue Folge 1930–1931, Walther de Gruyter & Co., Berlin

Heft 11 OTTO BAENSCH
Aufbau und Sinn des Chorfinales in Beethovens neunter Symphonie
1930. 99 Seiten, brosch.

Heft 12 HANS NAUMANN
Das Bild Walthers von der Vogelweide
Versuch, dem eine Rede zugrunde liegt
1930. 28 Seiten, brosch.

Heft 13 WALTER F. OTTO
Vergil
Festrede zur Feier der zweitausendsten Wiederkehr seines Geburtstags
1931. 22 Seiten, brosch.

A. 4. Schriften der Wissenschaftlichen Gesellschaft an der Johann Wolfgang Goethe-Universität Frankfurt am Main, Geisteswissenschaftliche Reihe 1958–1999, Franz-Steiner Verlag, Stuttgart

Band 1 FRIEDRICH OHLY
Hohelied-Studien
Grundzüge einer Geschichte der Hoheliedauslegung des Abendlandes bis um 1200
1958. 328 Seiten, geb.

Band 2 WERNER GEMBRUCH
Freiherr Vom Stein im Zeitalter der Restauration
1960. 255 Seiten, geb.

Band 3 HARALD PATZER
Die Anfänge der griechischen Tragödie
1962. 178 Seiten, geb.

Band 4 ADALBERT ERLER
Mittelalterliche Rechtsgutachten zur Mainzer Stiftsfehde 1459–1463
1964. 326 Seiten, geb.

Band 5 WERNER THOMAS
Die Erforschung des Tocharischen (1960–1984)
1985. 187 Seiten, geb.

Band 6 HELLMUT RITTER
Tūrōyo
Die Volkssprache der syrischen Christen des Tūr ʿAbdîn
Teil C: Grammatik
1990. 810 Seiten, geb.

Band 7 REINHARD BRANDT
D'Artagnan und die Urteilstafel
Über ein Ordnungsprinzip der europäischen Kulturgeschichte (1, 2, 3/4)
1991. 180 Seiten, geb.

Band 8 PAUL GERHARD SCHMIDT (Hg.)
Thomas von Froidmont: Die Vita des heiligen Thomas Becket, Erzbischof von Canterbury
1991. 200 Seiten, geb.

Band 9 RUTH LINDNER
Mythos und Identität
Studien zur Selbstdarstellung kleinasiatischer Städte in der römischen Kaiserzeit
1994. 212 Seiten, geb.

Band 10 REINHARD HÄUẞLER
Hera und Juno
Wandlungen und Beharrung einer Göttin
1995. 129 Seiten, geb.

Band 11 ERIKA SIMON
Schriften zur etruskischen und italischen Kunst und Religion
1996. 225 Seiten, geb.

Band 12 HARALD PATZER
Die Formgesetze des homerischen Epos
1996. 230 Seiten, geb.

Band 13 WERNER SCHRÖDER
Frühe Schriften zur ältesten deutschen Literatur
1999. 372 Seiten, geb.

A. 5. Schriften der Wissenschaftlichen Gesellschaft an der Johann Wolfgang Goethe-Universität Frankfurt am Main, Naturwissenschaftliche Reihe 1959, Franz-Steiner Verlag, Stuttgart

Band 1 WILHELM KRÜCKE, HUGO SPATZ (Bearb.)
Ludwig Edinger 1855–1918
Gedenkschrift zu seinem 100. Geburtstag und zum 50jährigen Bestehen des neurologischen Institutes (Edinger-Institut) der Universität Frankfurt am Main
1959. 97 Seiten, geb.

A. 6. Schriften der Wissenschaftlichen Gesellschaft an der Johann Wolfgang Goethe-Universität Frankfurt am Main 2000–2014, Franz Steiner Verlag Stuttgart

Band 14 DIETER STEFAN PETERS, MICHAEL WEINGARTEN (Hg.)
Organisms, genes and evolution
Evolutionary theory at the crossroads
Proceedings of the 7th International Senckenberg Conference
2000. 243 Seiten, geb.
• PETER JANICH
Where does biology gets its objects from? S. 9–16
• MATHIAS GUTMANN
The status of organism Towards a constructivist theory of organism. S. 17–31.
• WALTER BOCK
Explanations in a historical science. S. 33–42.
• CHRISTINE HERTLER
Organism and morphology Methodological differences between functional and constructional morphology. S. 43–51.
• DOMINIQUE G. HOMBERGER
Similarities and differences
The distinctive approaches of systematics and comparative anatomy towards homology and analogy. S. 53–72.
• RAPHAEL FALK
The organism as a necessary entity of evolution. S. 73–82.
• FRANZ M. WUKETITS
The organism's place in evolution
Darwin's views and contemporary organismic theories. S. 83–91.
• CHRISTIAN KUMMER
The development of organismic structure and the philosophy behind. S. 93–102.
• GUISEPPE SERMONTI
The butterfly and the lion. S. 103–110.
• HARALD RIEDL
Organisms – Ecosystem – Biosphere
Some comments on the organismic concept. S. 111–118.
• SIEVERT LORENZEN
How to advance from the theory of natural selection towards the General Theory of Self-Organization. S. 119–127.
• ANTONIA LIMA-DE-FARIA
The evolutionary periodicity of light. S. 129–146.
• HANS-RAINER DUNCKER
The evolution of avian ontogenies
Determination of molecular evolution by integrated complex functional systems and ecological conditions. S. 147–168.
• WINFRIED STEFAN PETERS, BERND HERKNER
An outline of a theory of the constructional constraints governing early organismic evolution. S. 169–178.
• WERNER E. G. MÜLLER e.a.
Monophyly of Metazoa. Phylogenetic analyses of genes encoding Ser/Thrkinases and a receptor Thyrkinase from Porifera [sponges]. S. 179–198.
• KARL EDLINGER
The evolution of the mollusc construction
Living organisms as energy-transforming systems. S. 199–217.
• MICHAEL GUDO
A structural-functional approach to the soft bodies of rugose corals. S. 219–240.

Band 15 HERMANN MÜLLER-KARPE
Grundzüge antiker Menschheitsreligion
1. Jahrhundert v. Chr. bis 5. Jahrhundert
2000. 301 Seiten, geb.

Band 16 ELFRIEDE STORM
Massinissa
Numidien im Aufbruch
2001. 222 Seiten, geb.

Band 17 ERIKA SIMON
Schriften zur Kunstgeschichte
2003. 298 Seiten, geb.

Band 18 BERTRAM SCHEFOLD (Hg.)
Wirtschaftssysteme im historischen Vergleich
2004. 579 Seiten, geb.
• MARION GOTTSCHALK, SYLVAIN VAN BROYER
Einleitung. S. 15–67.
• HELGE PEUKERT
Wildbeuter. S. 69–178.
• HELGE PEUKERT
Klassik. S. 179–270.
• WOLFGANG HABERMANN, BERNHARD TENGER
Ptolemäer. S. 271–333.
• OLIVER VOLCKART
Mittelalter. S. 335–491.
• HERMANN REICH
Die ‚orientalische Despotie'. S. 493–542.

Band 19 HANS-RAINER DUNCKER (Hg.)
Beiträge zu einer aktuellen Anthropologie
Zum 100jährigen Jubiläum der Gründung der Wissenschaftlichen Gesellschaft im Jahre 1906 in Straßburg
2006. 442 Seiten, geb.
• WERNER THOMAS
Zum Geleit. S. 7.
• HANS-RAINER DUNCKER
Vorwort. S. 9–10.
• HANS-RAINER DUNCKER
Vorstellungen zu einer aktuellen Anthropologie aus biologisch-medizinischer Sicht. S. 11–128.
• WOLF SINGER
Selbsterfahrung und neurobiologische Fremdbeschreibung: Zwei konfliktträchtige Erkenntnisquellen. S. 129–150.
• PETER JANICH
Die Sprache der Naturwissenschaften vom Menschen (mit einer Fallstudie als Anhang: Zwischen Selbsterfahrung und Neurobiologie – ein Kampf zweier Mythen?). S. 151–188.
• KLAUS LÜDERSSEN
Das Subjekt zwischen Metaphysik und Empirie
Einfluss der modernen Hirnforschung auf das Strafrecht? S. 189–206.
• ARBOGAST SCHMITT
Gehirn und Bewusstsein
Kritische Überlegungen aus geistesgeschichtlicher Sicht zum Menschenbild der neueren Hirnforschung. S. 207–284.
• KARL HÄUSER
Zum Menschenbild in der Nationalökonomie. S. 285–300.
• LARS JOHANSON
Menschenbilder in der Sprachwissenschaft. S. 301–342.
• HERRMANN JUNGRAITHMAYR
Grammatik und Wahrnehmung afrikanischer Sprachen. S. 343–352.
• ERIKA SIMON
Anthropos. Der Mensch in der griechischen Bildkunst (mit 10 Abb.). S. 353–368.
• MICHAEL STOLLEIS
Das Menschenbild in der Verfassung. S. 369–378.
• DIETER VAITL
Das Menschenbild in der Psychologie. S. 379–402.

• REINHARD BRANDT
Die pragmatische Anthropologie und die Selbstbestimmung des Menschen bei Kant. S. 403–422.
• MARIO CATTANEO
Anthropologie, Metaphysik, Moral und Recht. S. 423–426.
• DIETRICH KORSCH, CORNELIA RICHTER
Gottesbilder – Menschenbilder
Zur Transformation normativer Instanzen.
S. 427–442.

Band 20 WOLFGANG SCHWARZ, JÖRN STEUDING (Hg.)
Elementare und analytische Zahlentheorie (Tagungsband)
Proceedings, ELAZ-Conference May 24–28, 2004
2006. 348 Seiten, geb.
• STEPHAN BAIER
New results on the pλ problem. S. 15–26.
• MARKUS BREDE
Reihenentwicklungen für die Riemannsche Zetafunktion und Dirichletsche L-Reihen. S. 27–33.
• KATHRIN BRINGMANN
On estimates of Fourier coefficients of Siegel cusp forms. S. 34–43.
• CARSTEN ELSNER
Über gewisse Lösungen universeller Differentialgleichungen in algebraischen Punkten.
S. 44–56.
• KARIN HALUPCZOK
Zum ternären Goldbachproblem mit Kongruenzbedingungen an die Primzahlen. S. 57–64.
• KARL-HEINZ INDLEKOFER, LUTZ G. LUCHT
Mean behavior of arithmetic functions on certain thin sequences. S. 65–76.
• ALEKSANDAR IVIĆ
On the estimation of some Mellin transforms connected with the fourth moment of |ζ(+ it)|. S. 77–88.
• ALEKSANDAR IVIĆ, EKKEHARD KRÄTZEL, MANFRED KÜHLEITNER, WERNER GEORG NOWAK
Lattice points in large regions and related arithmetic functions. Recent developments in a very classic topic. S. 89–128.
• AYMAN KHALFALAH, JÁNOS PINTZ
On the representation of Goldbach numbers by a bounded number of powers of two. S. 129–142.
• PETER KIRSCHENHOFER, OLIVER PFEIFFER, JÖRG THUSWALDNER
On Waring's and Tarry's problem with digital restrictions. S. 143–154.
• ANTANAS LAURINČIKAS, JÖRN STEUDING
Joint universality für L-functions attached to a family of elliptic curves. S. 155–163.
• HELMUT MAIER
The distribution of the L2-norm of cyclotomic polynomials on the unit circle. S. 164–179.
• EUGENIJUS MANSTAVIČIUS
On the Random Mapping Statistics. S. 180–191.
• WERNER GEORG NOWAK
On the average number of integral ideals of given norm in a quadratic number field
An improved mean-square asymptotics. S. 192–204.
• SAMUEL J. PATTERSON
On the distribution of some arithmetical functions.
S. 205–219.
• JÁNOS PINTZ
Recent results on the Goldbach conjecture. S. 220–254.
• ŠTEFAN PORUBSKÝ
Notes on densities of sets of generalized integers.
S. 255–266.
• FRIEDRICH ROESLER
n2 + 1 revisited. S. 267–276.
• CHRISTOPH SCHMITT
Uniformly Thin Bases of Order Two. S. 277–287.
• ROLF WALLISSER
Ein Maß für die algebraische Unabhängigkeit und $e^{\sqrt{(-d)}}$, d ∈ N. S. 288–296.
• EDUARD WIRSING
The third logarithmic momentum of the cyclotomic polynomial on the unit circle and Factorizations with a linear side condition. S. 297–312.
• JÜRGEN WOLFART
ABC for polynomials, dessins d'enfants, and uniformization – a survey. S. 313–345.
• LUTZ LUCHT, WOLFGANG SCHWARZ
Zum Gedenken an Thomas Maxsein. S. 346–348.

Band 21 nicht erschienen

Band 22 HERRMANN JUNGRAITHMAYR, PHILIBUS I. DIYAKAL
Lyang-lu
One thousand and one proverbs, idioms and sayings in Mushere (North Nigeria). With a grammatical outline and vocabulary
2008. 326 Seiten, geb.

Band 23 PETER JANICH (Hg.)
Der Mensch und seine Tiere
Mensch-Tier-Verhältnisse im Spiegel der Wissenschaften
2014. 203 Seiten, geb.
• PETER JANICH
Einleitung. S. 7–11.
• ARBOGAST SCHMITT
Gibt es ein Rechtsverhältnis des Menschen gegenüber dem Tier? S. 13–32.
• SUSANNE SIEVERS
Tiere in der Welt der Kelten. S. 33–63.
• WOLFRAM MARTINI
Die Magie des Löwen in der Antike. S. 65–91.
• ROLAND PRINZINGER
Vögel in Kunst, Kultur und Kommerz. S. 93–120.
• HANS-RAINER DUNCKER
Wodurch Menschen sich von Tieren unterscheiden – und sich zu Sprach- und Kulturwesen entwickeln konnten. S. 121–137.
• REINHARD BRANDT
Wahrnehmen, Fühlen, Verhalten, Denken – Was können Tiere? S. 139–153.
• CHRISTOPH PERELS
Vom Buch der Natur zum Biotop
Texte und Tiere beim jungen Goethe. S. 155–174.
• PETER JANICH
Die Vermenschlichung von Tieren. S. 175–188.
• FRIEDRICH KÜBLER
Tiere in der Rechtsordnung. S. 191–203.

A. 7. Einzelveröffentlichung, Wissenschaftliche Gesellschaft an der Johann Wolfgang Goethe-Universität Frankfurt am Main 1981, Franz Steiner Verlag, Wiesbaden

Festschrift der Wissenschaftlichen Gesellschaft an der Johann-Wolfgang-Goethe-Universität Frankfurt am Main
1981. 571 Seiten, geb.
• PETER HERDE
75 Jahre Wissenschaftliche Gesellschaft
Ein Abriß ihrer Geschichte. S. 1–53.
• FRIEDRICH BECKER
Zum Problem der Mischbarkeit von Flüssigkeiten.
S. 55–71.

- WOLFGANG BRÜCKNER
„Volkskunde" kontra „Folklore" im Konversationslexikon seit 1887. S. 73–84.
- AUGUST BUCK
Die Kunst der Verstellung im Zeitalter des Barocks. S. 85–103.
- MARIANUS CZERNY
Abschluß von Einzelgebieten naturwissenschaftlicher Forschung. S. 105–110.
- ADALBERT ERLER
Sprache und Recht in den Urteilen der Oberhöfe von Ingelheim und Neustadt an der Weinstraße. S. 111–123.
- WOLFGANG FRANZ
Torsion und asymmetrische Räume. S. 125–131.
- HANS-WALTER GEORGII
Überlegungen zum Problem der anthropogenen Klimabeeinflussung. S. 133–147.
- HERMANN HARTMANN
Theoretische Chemie heute. S. 149–164.
- JOHANNES HIRSCHBERGER
Vom Sinn des Analogiebegriffs in der Metaphysik. S. 165–179.
- LEOPOLD HORNER
Die organische Synthese als Wegweiser und Gestalterin im Spannungsfeld von Theorie, Ideologie, Religion und Wirklichkeit. S. 181–190.
- HARALD KELLER
Künstlerstolz und Künstlerdemut im Mittelalter. S. 191–219.
- WALTHER LAMMERS
Der Falkner
Aus dem Buch von Kaiser Friedrich II. ‚De arte venandi cum avibus'. S. 221–237.
- BRUNO LIEBRUCKS
Sinnfrage und Kontingenzerfahrung. S. 239–275.
- GERHARD MÜLLER
Die Funktion des Chors im Ödipus Coloneus des Sophokles. S. 277–291.
- WOLFGANG NAUCKE
Der Tatverdacht
Zum Verhältnis von Strafprozeßrecht und neuerer Kriminologie. S. 293–310.
- WILHELM NULTSCH
Lichtinduzierte Plastidenverlagerungen bei Meeresalgen und ihre ökologische Bedeutung. S. 311–335.
- MARIA R.-ALFÖLDI
Nobilitas Augusti – Nobilissimus Caesar
Ein Beitrag zum Selbstverständnis römischer Kaiser. S. 337–348.
- WILHELM RAU
Versuch einer deutschen Übersetzung der Taittirīya-Upaniṣad. S. 349–373.
- WERNER SCHRÖDER
Die Illustrationen zu Wolframs ‚Willehalm' im cod. Guelf. 30.12 Aug. fol. S. 375–398.
- WOLFGANG SCHWARZ
Fourier-Ramanujan-Entwicklungen zahlentheoretischer Funktionen und Anwendungen. S. 399–415.
- HANS SCKOMMODAU
Bandello und Mailand. S. 417–429.
- RUDOLF SELLHEIM
Gelehrtenfamilien im islamischen Mittelalter. S. 431–446.
- HANSJÜRGEN STAUDINGER
Fortschritt der Wissenschaft – Moral der Forschung. S. 447–463.
- DOLF STERNBERGER
Notizen über das Wort „Politik", seine Wanderungen und Wandlungen. S. 465–479.
- WERNER THOMAS
Indogermanisches in der Syntax des Tocharischen
Zum Ausdruck eines Gebotes und Verbotes. S. 481–497.
- HELMUT VIEBROCK
Pandarus und Fortuna
Chaucers Epos ‚Troilus und Criseyde' auf der Grenze von Mittelalter und Moderne. S. 499–516.
- KLAUS VOGEL, WOLFGANG FRIEDRICH GUTMANN
Zur Entstehung von Metazoen-Skeletten an der Wende vom Präkambrium zum Kambrium. S. 517–537.
- ADOLF WACKER
Aspekte einer Virus- und Tumor-Therapie. S. 539–552.
- THEODOR WIELAND
Pilzgifte in der Zellforschung. S. 553–571.

A. 8. Sitzungsberichte der Wissenschaftlichen Gesellschaft an der Johann Wolfgang Goethe-Universität Frankfurt am Main 1962–2022, Franz Steiner Verlag, Stuttgart

Band I,1 MARIANUS CZERNY
Der Physiker als Beobachter und Gestalter von Naturerscheinungen
1962. 15 Seiten, brosch.

Band I,2 DIETRICH STARCK
Die Evolution des Säugetiergehirns
1962. 44 Seiten mit 22 Abb. auf 13 Tafeln, brosch.

Band I,3 GERHARD KLEINER
Diadochen-Gräber
1963. 26 Seiten mit 16 Abb. im Text u. auf Tafeln, brosch.

Band I,4 HARALD KELLER
Die Kunstlandschaften Frankreichs
1963. 100 Seiten mit 55 Abb. im Text u. auf Tafeln, brosch.

Band I,5 ADALBERT ERLER
Die Mainzer Stiftsfehde 1459–1463 im Spiegel mittelalterlicher Rechtsgutachten
1963. 19 Seiten, brosch.

Band II,1 HELMUT VIEBROCK
Der Stil in der Krise
1963. 26 Seiten, brosch.

Band II,2 WOLFGANG PREISER
Die Völkerrechtsgeschichte, ihre Aufgaben und ihre Methode
1964. 40 Seiten, brosch.

Band II,3 HERBERT LEHMANN
Standortverlagerung und Funktionswandel der städtischen Zentren an der Küste der Po-Ebene
1964. 65 Seiten, mit 17 Karten u. 7 Abb. auf 4 Tafeln, brosch.

Band II,4 THEODOR WIELAND
Vergleichende Chemie biologisch aktiver Eiweiß-Stoffe
1965. 14 Seiten, mit 4 Abb. auf 2 Tafeln, brosch.

Band II,5 HERMANN HARTMANN
Die Bedeutung quantentheoretischer Modelle für die Chemie
1965. 22 Seiten mit 4 Abb., brosch.

Band III,1 HELMUT COING
Naturrecht als wissenschaftliches Problem
1966. 2. Aufl., 22 Seiten, brosch.

Band III,2 FRITZ NEUMARK
Grundsätze der Besteuerung in Vergangenheit und Gegenwart
1965. 2. Aufl., 35 Seiten, brosch.

Band III,3 PAUL ROYEN
Die Solvolyse des Phosphors in alkalischen und alkalianalogen Lösungen
1966. 21 Seiten, brosch.

Band III,4 HARALD KELLER
Italien und die Welt der höfischen Gotik
1967. 81 Seiten, brosch.

Band III,5 HERBERT LEHMANN
Goethe und Gregorovius vor der italienischen Landschaft
1967. 32 Seiten, brosch.

Band IV,1 GERHARD KLEINER
Alt-Milet
1966. 26 Seiten, brosch.

Band IV,2 HARALD PATZER
Die Entstehung der wissenschaftlichen Politik bei den Griechen
1966. 22 Seiten, brosch.

Band IV,3 HELLMUT GEORG ISELE
Die europäische Sozialcharta
Auf dem Wege von den allgemeinen Menschenrechten zu den sozialen Menschenrechten
1967. 24 Seiten, brosch.

Band IV,4 HERMANN HARTMANN
Die Bedeutung des Vorurteils für den Fortgang der naturwissenschaftlichen Erkenntnis
1967. 15 Seiten, brosch.

Band IV,5 WOLFGANG PREISER
Frühe völkerrechtliche Ordnungen der außereuropäischen Welt
Ein Beitrag zur Geschichte des Völkerrechts
1976. 184 Seiten, brosch.

Band V,1 OTTO VOSSLER
Tocqueville
1966. 23 Seiten, brosch.

Band V,2 FRIEDRICH HUND
Physikalische Erkenntnis zwischen Tradition und Erfahrung
1966. 14 Seiten, brosch.

Band V,3 HERMANN STRASBURGER
Die Wesensbestimmung der Geschichte durch die antike Geschichtsschreibung
1975. 3. Aufl., 60 Seiten, brosch.

Band V,4 HANS SCKOMMODAU
Die Silbe und die Struktur des Französischen
1967. 21 Seiten, brosch.

Band V,5 HELMUT VIEBROCk
Shakespeares „Hamlet“
Die Tragödie des Gewissens
1967. 26 Seiten, brosch.

Band VI,1 HANS MÖLLER
Der Boden in der politischen Ökonomie
1967. 49 Seiten, brosch.

Band VI,2 FRITZ NEUMARK
Fiskalpolitik und Wachstumsschwankungen
1968. 106 Seiten, brosch.

Band VI,3 HELMUT COING
Die ursprüngliche Einheit der europäischen Rechtswissenschaft
1968. 22 Seiten, brosch.

Band VI,4 HEINZ SAUERMANN
Die experimentelle Wirtschaftsforschung an der Universität Frankfurt am Main
1968. 21 Seiten, brosch.

Band VI,5 ERICH HEINZ
Energetische Koppelung zwischen biologischen Vorgängen
1968. 18 Seiten, brosch.

Band VII,1 MATTHIAS GELZER
Cicero und Caesar
1968. 25 Seiten, brosch.

Band VII,2 OTTO VOSSLER
Gedanken über die Universität
1969. 24 Seiten, brosch.

Band VII,3 HANS PETER
Römisches Recht und englisches Recht
1969. 45 Seiten, brosch.

Band VII,4 HARALD KELLER
Tizians Poesie für König Phillip II. von Spanien
1969. 100 Seiten, brosch.

Band VII,5 KONRAD KRAFT
Zur Münzprägung des Augustus
1969. 51 Seiten, brosch.

Band VIII,1 JOHANNES HIRSCHBERGER
Seele und Leib in der Spätantike
1969. 22 Seiten, brosch.

Band VIII,2 HERBERT LEHMANN
Über „verzauberte Städte“ in Carbonatgesteinen Südwesteuropas
1970. 24 Seiten, brosch.

Band VIII,3 HANS SCKOMMODAU
Pygmalion bei Franzosen und Deutschen im 18. Jahrhundert
1970. 34 Seiten, brosch.

Band VIII,4 RUDOLF SELLHEIM
Der zweite Bürgerkrieg im Islam (680–692)
1970. 31 Seiten, brosch.

Band VIII,5 GERHARD KLEINER
Das römische Milet
1970. 24 Seiten, brosch.

Band IX,1 HERMANN MÜLLER-KARPE
Die geschichtliche Bedeutung des Neolithikums
1970. 19 Seiten, brosch.

Band IX,2 KONRAD KRAFT
Zur Entstehung des Namens „Germania“
1970. 42 Seiten, brosch.

Band IX,3 WOLFGANG FRANZ
Dreidimensionale und mehrdimensionale Geometrie
1971. 42 Seiten, brosch.

Band IX,4 HELMUT VIEBROCK
Wer ist Demogorgon?
1971. 24 Seiten, brosch.

Band IX,5 FRANZ WALTER MÜLLER
Menéndez Pidal und die Rolandsliedforschung
1971. 39 Seiten, brosch.

Band X,1 HARALD PATZER
Dichterische Kunst und poetisches Handwerk im homerischen Epos
1972. 49 Seiten, brosch.

Band X,2 HANS SCKOMMODAU
Thematik des Paradoxes in der Aufklärung
1972. 51 Seiten, brosch.

Band X,3 HERMANN HARTMANN
Neue wellenmechanische Eigenwertprobleme
1972. 17 Seiten, brosch.

Band X,4 ADALBERT ERLER
Lupa, Lex und Reiterstandbild im mittelalterlichen Rom
1972, 26 Seiten, brosch.

Band X,5 CARLRICHARD BRÜHL
Die Anfänge der deutschen Geschichte
1972. 39 Seiten, brosch.

Band XI,1 AUGUST BUCK
Die „Querelle des Anciens et des Modernes" im italienischen Selbstverständnis der Renaissance und des Barocks
1973. 26 Seiten, brosch.

Band XI,2 WERNER THOMAS
Historisches Präsens oder Konjunktionsreduktion?
Zum Problem des Tempuswechsels in der Erzählung
1974. 64 Seiten, brosch.

Band XI,3 DIETRICH STARCK
Die Säugetiere Madagaskars, ihre Lebensräume und ihre Geschichte
1974. 62 Seiten, brosch.

Band XI,4 WERNER GEORG KÜMMEL
Jesu Antwort an Johannes den Täufer
Ein Beispiel zum Methodenproblem in der Jesusforschung
1974. 35 Seiten, brosch.

Band XI,5 THEODOR NASEMANN
Über den Wert der dreistufigen Morphologie belegt an Beispielen aus der Dermatologie
1974. 23 Seiten, brosch.

Band XII,1 HANSJÜRGEN STAUDINGER
Freiheit und Verantwortung in der Wissenschaft
1974. 27 Seiten, brosch.

Band XII,2 DOLF STERNBERGER
Machiavelli's >Principe< und der Begriff des Politischen
1974. 2. Aufl., 71 Seiten, brosch.

Band XII,3 MARTIN LINDAUER
Lernen – Gedächtnis – Vergessen
Neue Erkenntnisse aufgrund von Tierversuchen
1974. 32 Seiten, brosch.

Band XII,4 NACHRUFE
auf **Erwin Madelung, F. H. Schubert, Max Horkheimer, Matthias Gelzer, Boris Rajewsky**
1975. 39 Seiten, brosch.

Band XII,5 GOTTFRIED WEBER
Wolfram's von Eschenbach Antwort auf Gotfrid's von Strassburg ‚Tristan'
Zur Grundstruktur des ‚Willehalm'
1975. 55 Seiten, brosch.

Band XIII,1 KLAUS VOGEL
Funktionsmorphologie als Hilfsmittel paläontologischer Evolutionsforschung
1975. 19 Seiten, brosch.

Band XIII,2 WILHELM RAU
Indiens Beitrag zur Kultur der Menschheit
1975. 24 Seiten, brosch.

Band XIII,3 WALDEMAR WITTMANN
Entscheiden unter Ungewißheit
1975. 30 Seiten, brosch.

Band XIII,4 MARIA R.-ALFÖLDI
Dekadrachmon
1976. 61 Seiten, brosch.

Band XIII,5 HELMUT COING
Aufgaben des Rechtshistorikers
1976. 44 Seiten, brosch.

Band XIV,1 WOLFGANG FRANZ
Über mathematische Aussagen, die samt ihrer Negation nachweislich unbeweisbar sind
Der Unvollständigkeitssatz von Gödel
1977. 22 Seiten, brosch.

Band XIV,2 HELMUT VIEBROCK
Defence of Poetry
Englische Argumente für den Bildungswert von Dichtung
1977. 38 Seiten, brosch.

Band XIV,3 WALTHER LAMMERS
Weltgeschichte und Zeitgeschichte bei Otto von Freising
1977. 33 Seiten, brosch.

Band XIV,4 HANS SCKOMMODAU
Die spätfeudale Novelle bei Margarete von Navarra
1977. 20 Seiten, brosch.

Band XIV,5 BRUNO LIEBRUCKS
Drei Revolutionen der Denkart
1977. 25 Seiten, brosch.

Band XV,1 ADALBERT ERLER
Ältere Ansätze zur Überwindung der Sklaverei
1978. 39 Seiten, brosch.

Band XV,2 HARALD PATZER
Hauptperson und tragischer Held in Sophokles' ‚Antigone'
1978. 74 Seiten, brosch.

Band XV,3 JOHANNES HIRSCHBERGER
Die Stellung des Nikolaus von Kues in der Entwicklung der deutschen Philosophie
1978. 23 Seiten, brosch.

Band XV,4 JOCHEN BLEICKEN
Staat und Recht in der römischen Republik
1978. 24 Seiten, brosch.

Band XV,5 FRIEDRICH HUND
Raum und Zeit als physikalische Begriffe
1978. 16 Seiten, brosch.

Band XVI,1 WOLFGANG NAUCKE
Grundlinien einer rechtsstaatlich-praktischen allgemeinen Straflehre
1979. 44 Seiten, brosch.

Band XVI,2 WERNER SCHRÖDER
Text und Interpretation – Das Gottesurteil im ‚Tristan' Gottfrieds von Strassburg
1979. 24 Seiten, brosch.

Band XVI,3 HARALD KELLER
Die ostdeutsche Kolonialstadt des 13. Jahrhunderts und ihre südländischen Vorbilder
1979. 76 Seiten, brosch.

Band XVI,4 WALTER GREINER
Ist das Vakuum wirklich leer?
Gedanken eines Physikers
1980. 62 Seiten, brosch.

Band XVI,5 MARTIN LINDAUER
Die biologische Uhr
1980. 30 Seiten, brosch.

Band XVII,1 LEOPOLD HORNER
Chemische Grundlagen der metallischen Korrosion und Möglichkeiten ihrer Inhibierung
1980. 33 Seiten, brosch.

Band XVII,2 NACHRUFE
auf **Erhard Lommatzsch, Walter Artelt, Herbert O'Daniel, Franz Beyerle, Franz Böhm, Karl Küpfmüller, Gerhard Kleiner, Ernst Langlotz, Paul Royen**
1980. 30 Seiten, brosch.

Band XVII,3 ADALBERT ERLER
William Shakespeare – König Heinrich V
Die Lex Salica in der Deutung des Kronjuristen
1980. 50 Seiten, brosch.

Band XVII,4 HERMANN MÜLLER-KARPE
Zur Periodosierung der Vorgeschichte
1980. 19 Seiten, brosch.

Band XVII,5 HERRMANN JUNGRAITHMAYR
Gedächtniskultur und Schriftlichkeit in Afrika
1981. 25 Seiten, brosch.

Band XVIII,1 HEINZ SAUERMANN
Über drei Probleme der zeitgenössischen Wirtschaftstheorie: Präferenzen, Marktverhalten, Gewinnaufteilung
1981. 31 Seiten, brosch.

Band XVIII,2 HELMUT BEUMANN
Der deutsche König als „Romanorum Rex"
1981. 52 Seiten, brosch.

Band XVIII,3 DOLF STERNBERGER
Die Stadt und das Reich in der Verfassungslehre des Marsilius von Padua
1981. 65 Seiten, brosch.

Band XVIII,4 GERHARD MÜLLER
Platons Dialog vom Staat
Kunstform und Lehrgehalt
1981. 27 Seiten, brosch.

Band XVIII,5 JOCHEN BLEICKEN
Zum Regierungsstil des römischen Kaisers
Eine Antwort auf Fergus Miller
1982. 37 Seiten, brosch.

Band XIX,1 HARALD PATZER
Die griechische Knabenliebe
1982. 132 Seiten, brosch.

Band XIX,2 WALTHER LAMMERS
Gottschalks Wanderung im Jenseits
Zur Volksfrömmigkeit im 12. Jhd. nördlich der Elbe
1982. 30 Seiten, brosch.

Band XIX,3 RAINER J. JELITTO
Dynamik und Thermodynamik
Über die Wurzeln der Irreversibilität und die Richtung der Zeit
1983. 41 Seiten, brosch.

Band XIX,4 KLAUS VOGEL
Macht die biologische Evolution Sprünge?
1983. 19 Seiten, brosch.

Band XIX,5 HERBERT DONNER
Die Verwerfung des Königs Saul
1983. 36 Seiten, brosch.

Band XX,1 PETER HERDE
Italien, Deutschland und der Weg in den Krieg im Pazifik 1941
1983. 105 Seiten, brosch.

Band XX,2 FRIEDRICH BECKER
Neue Erkenntnisse über die Aggregatzustände der Materie und ihre Umwandlungen
1984. 36 Seiten, brosch.

Band XX,3 WERNER GEORG KÜMMEL
Jesus der Menschensohn?
1984. 45 Seiten, brosch.

Band XX,4 HELMUT VIEBROCK
Schöpferischer Identitätsverlust
Die Begriffe „identity" und „loss of identity" in der epistolaren Poetik von John Keats
1984. 25 Seiten, brosch.

Band XX,5 WINFRIED OPPELT
Über das Menschenbild des Ingenieurs
Eine Bestandsaufnahme und offene Fragen bei der kybernetischen Modellbildung menschlichen Verhaltens
1984. 125 Seiten, brosch.

Band XXI,1 DOLF STERNBERGER
Über die verschiedenen Begriffe des Friedens
1984. 53 Seiten, brosch.

Band XXI,2 WOLFGANG SCHWARZ
Über einige Probleme aus der Theorie der Primzahlen
1985. 64 Seiten, brosch.

Band XXI,3 HANSJÜRGEN STAUDINGER
Singularität und Kontingenz
1985. 18 Seiten, brosch.

Band XXI,4 KURT SCHMIDT
Der Sachverständigenrat zur Begutachtung der gesamtwirtschaftlichen Entwicklung
Institution, Meßkonzepte und wirtschaftspolitische Leitlinien
1985. 24 Seiten, brosch.

Band XXI,5 WOLFGANG NAUCKE
Die Wechselwirkung zwischen Strafziel und Verbrechensbegriff
1985. 42 Seiten, brosch.

Band XXII,1 WERNER SCHRÖDER
Der Wolfram-Epigone Ulrich von dem Türlin und seine ‚Arabel'
1985. 23 Seiten, brosch.

Band XXII,2 PETER HERDE
Guelfen und Neoguelfen
Zur Geschichte einer nationalen Ideologie vom Mittelalter zum Risorgimento
1985. 157 Seiten, brosch.

Band XXII,3 WALDEMAR WITTMANN
Der Unternehmer
1986. 27 Seiten, brosch.

Band XXII,4 WILHELM RAU
Naturbeobachtung und Handwerkskunst im vorislamischen Indien
1986. 27 Seiten, brosch.

Band XXII,5 ERICH HEINZ
Bioelektrische Potentiale
Ursprung und Funktion
1986. 13 Seiten, brosch.

Band XXIII,1 ADALBERT ERLER
Das Augustiner-Chorherrenstift in der Königspfalz zu Ingelheim a. Rh.
Ein Arbeitsbericht
1986. 33 Seiten, brosch.

Band XXIII,2 NACHRUFE
auf **Hubert Harbauer, Heinz Sauermann, Gottfried Weber, Guido Sartori, August Oswalt, Oscar Gans, Adolf Wacker, Hermann Hartmann, Hermann Strasburger**
1987. 52 Seiten, brosch.

Band XXIII,3 HARALD KELLER
Südtirol – Kunstlandschaft oder Paß- und Straßenland?
1987. 29 Seiten, brosch.

Band XXIII,4 THEODOR NASEMANN
AIDS – Entwicklung einer Krankheit in Deutschland und Amerika
1987. 52 Seiten, brosch.

Band XXIII,5 HERRMANN JUNGRAITHMAYR
Was ist „primitiv"?
Zum Stand der Sprachgeschichtsforschung in Afrika
1987. 22 Seiten, brosch.

Band XXIV,1 WILHELM G. GREVE
Die amerikanisch-sowjetischen Gipfeltreffen seit Roosevelt und Stalin
1987. 29 Seiten, brosch.

Band XXIV,2 AUGUST BUCK
Die italienische Renaissance aus der Sicht des 20. Jahrhunderts
1988. 19 Seiten, brosch.

Band XXIV,3 ERIKA SIMON
Eirene und Pax
Friedensgöttinnen der Antike
1988. 50 Seiten, brosch.

Band XXIV,4 WILHELM NULTSCH
Untersuchungen zum Bewegungs- und Reaktionsverhalten des Flagellaten Chlamydomonas reinhardtii
1988. 37 Seiten, brosch.

Band XXIV,5 WOLFGANG FRANZ
Kryptologie
Konstruktion und Entzifferung von Geheimschriften
1988. 33 Seiten, brosch.

Band XXV,1 FRIEDRICH G. BARTH
Vom Sinn der Sinne
Sinnesorgane zwischen Umwelt und Verhalten
1989. 38 Seiten mit 13 Abb., brosch.

Band XXV,2 ERIKA SIMON
Menander in Centuripe
1989. 42 Seiten mit 17 Taf., brosch.

Band XXV,3 FRIEDRICH BECKER
Von der Molekularhypothese bis zur zeitaufgelösten Spektroskopie
Die Entwicklung des Molekülbegriffs in der Chemie und der Einsichten in die Natur der Moleküle
1989. 46 Seiten mit 21 Abb., brosch.

Band XXV,4 PAUL GERHARD SCHMIDT
Thomas von Froidmont
Biograph des Heiligen Thomas Becket
1989. 16 Seiten, brosch.

Band XXV,5 WERNER SCHRÖDER
Text und Interpretation II
Isoldes Mordanschlag auf Brangæne im „Tristan" Gottfrieds von Straßburg
1989. 24 Seiten, brosch.

Band XXVI,1 HANS-WALTER GEORGII
Beeinflussen biogene atmosphärische Schwefelverbindungen das Klima?
1990. 24 Seiten mit 7 Abb., brosch.

Band XXVI,2 WALTHER LAMMERS
Zur Mentalität deutscher Generäle bei Beginn des Krieges gegen die Sowjetunion (Juni bis Dezember 1941)
1990. 37 Seiten, 6 Karten, brosch.

Band XXVI,3 THEODOR NASEMANN
Hundert Jahre Dermatovirologie
Ein Beitrag zur Medizingeschichte
1990. 25 Seiten mit 29 Farbabb., brosch.

Band XXVI,4 HANS-PETER ZENNER
Die Schallverarbeitung im Innenohr
Neue Erkenntnisse zur Zellbiologie der Haarzelle
1990. 36 Seiten, brosch.

Band XXVI,5 WERNER SCHRÖDER
Text und Interpretation III
Zur Kunstanschauung Gottfrieds von Straßburg und Konrads von Würzburg nach dem Zeugnis ihrer Prologe
1990. 53 Seiten, brosch.

Band XXVII,1 WERNER THOMAS
Tocharische Maitreya-Parallelen aus Hami
1990. 71 Seiten, brosch.

Band XXVII,2 JOCHEN BLEICKEN
Prinzipat und Republik
Überlegungen zum Charakter des römischen Kaisertums
1991. 22 Seiten, brosch.

BAND XXVII,3 HELMUT VIEBROCK
"A Midsummer Night's Dream"
Shakespeares Lustspieltext und seine Verwendung als Libretto in Benjamin Brittens gleichnamiger Oper
1991. 37 Seiten, brosch.

BAND XXVII,4 PETER HERDE
Die Katastrophe vor Rom im August 1167
Eine historisch-epidemiologische Studie zum vierten Italienzug Friedrichs I. Barbarossa
1991. 34 Seiten, brosch.

BAND XXVII,5 KURT SCHMIDT
Mehr Chancen für die Vernunft
Hemmnisse einer rationalen Finanzpolitik und Möglichkeiten ihrer Überwindung
1991. 37 Seiten, brosch.

BAND XXVIII,1 WERNER THOMAS
Zwei weitere Maitreya-Fragmente in Tocharisch A
1991. 33 Seiten, brosch.

BAND XXVIII,2 KLAUS VOGEL
Konstruktionsmorphologie
Ein Schlüssel zum Verständnis der biologischen Evolution
1991. 22 Seiten mit 8 Abb., brosch.

BAND XXVIII,3 AUGUST BUCK
„Arma et Litterae" – „Waffen und Bildung"
Zur Geschichte eines Topos
1992. 19 Seiten, brosch.

BAND XXVIII,4 WERNER SCHRÖDER
Der Versbau der Duineser Elegien
Versuch einer metrischen Beschreibung
1992. 166 Seiten, brosch.

BAND XXVIII,5 FRIEDRICH G. BARTH
„Technische" Perfektion in der belebten Natur
1992. 35 Seiten mit 13 Abb., brosch.

BAND XXVIII,6 NACHRUFE
auf **Marianus Czerny, Hans Peter, Bruno Liebrucks, Otto Vossler, Wilhelm Krücke, Hermann Hans Sckommodau, Gerhard Müller, Waldemar Wittmann, Andreas Hillgruber, Harald Keller, Walther Lammers, Fritz Neumark**
1992. 75 Seiten, brosch.

BAND XXIX,1 AUGUST BUCK
Die Villa als Lebensform der italienischen Renaissance
1992. 18 Seiten, brosch.

BAND XXIX,2 THEODOR R. K. NASEMANN
Deutsche Dichterärzte
Glanz und Elend einer Doppelbegabung
1992. 39 Seiten, brosch.

Band XXIX,3 WERNER SCHRÖDER
Ludwig Wolffs Nachlese zu seiner „Iwein"Ausgabe von 1968
1992. 82 Seiten, brosch.

BAND XXIX,4 HERBERT DONNER
„Wie geschrieben steht"
Herkunft und Sinn einer Formel
1992. 21 Seiten, brosch.

BAND XXIX,5 LARS JOHANSON
Strukturelle Faktoren in türkischen Sprachkontakten
1992. 137 Seiten, brosch.

BAND XXX,1 RAINER KLINKE
Das Hörorgan des Vogels
Funktionelle Unterschiede zum Innenohr des Säugers
1993. 33 Seiten mit 9 Abb., brosch.

BAND XXX,2 WERNER SCHRÖDER
Text und Interpretation IV
Zu Aussage und Funktion des huote-Exkurses im ‚Tristan' Gottfrieds von Straßburg
1993. 30 Seiten, brosch.

BAND XXX,3 JÜRGEN PETERSOHN
„Echte" und „falsche" Insignien im deutschen Krönungsbrauch des Mittelalters?
Kritik eines Forschungsstereotyps
1993. 55 Seiten, brosch.

BAND XXX,4 HERRMANN JUNGRAITHMAYR
Die analytische Sprachform in Afrika
1993. 31 Seiten, brosch.

BAND XXX,5 WERNER THOMAS
Parallele Texte im Tocharischen und ihre Bewertung
1993. 58 Seiten, brosch.

BAND XXX,6 HARALD PATZER
Physis
Grundlegung zu einer Geschichte des Wortes
1993. 70 Seiten, brosch.

BAND XXXI,1 KLAUS REICHERT
„Zeit ist's"
Die Bibelübersetzung von Franz Rosenzweig und Martin Buber im Kontext
1993. 33 Seiten, brosch.

BAND XXXI,2 WERNER SCHRÖDER
Text und Interpretation V
Über die Liebe der Getrennten im „Tristan" Gottfrieds von Straßburg
1993. 38 Seiten, brosch.

Band XXXI, 3 JOST BENEDUM
Die Therapie rheumatischer Erkrankungen im Wandel der Zeit
1994. 71 Seiten mit 50 Abb. (davon 3 farbig), brosch.

Band XXXI,4 HARALD PATZER
Sprache und Dichtung im homerischen Epos
1994. 23 Seiten, brosch.

Band XXXI,5 PAUL GERHARD SCHMIDT
Probleme der Schreiber – Der Schreiber als Problem
1994.18 Seiten, brosch.

Band XXXI,6 FRIEDRICH BECKER
Ursachen und Folgen der Selbstbeschleunigung chemischer Reaktionen
1994. 51 Seiten mit 32 Abb., brosch.

Band XXXII,1 WERNER SCHRÖDER
Der Eneasroman Heinrichs von Veldeke deutsch
1994. 24 Seiten, brosch.

Band XXXII,2 WILHELM RAU
Altindisches Pfeilgift
1994. 18 Seiten, brosch.

Band XXXII,3 MICHAEL STOLLEIS
"Junges Deutschland", jüdische Emanzipation und liberale Staatsrechtslehre in Deutschland
1994. 24 Seiten, brosch.

Band XXXII,4 JÜRGEN PETERSOHN
Rom und der Reichstitel "Sacrum Romanum Imperium"
1994. 35 Seiten mit 2 Abb., brosch.

Band XXXII,5 HELMUT VIEBROCK
Die Geburt des Mythos aus dem Geiste der Rebellion
William Blakes visionäre Dichtung „Europe. A Prophecy" (1794)
1994. 38 Seiten mit 9 Abb., brosch.

Band XXXII,6 WALTER RÜEGG
Was lehrt die Geschichte der Universität?
1994. 23 Seiten, brosch.

Band XXXIII,1 WERNER SCHRÖDER
Textkritisch oder überlieferungskritisch
Zur Edition des deutschen "Lucidarius"
1995. 42 Seiten, brosch.

Band XXXIII,2 WERNER THOMAS
Zur tocharischen Syntax
Adverbiales A mäk, B mäka "viel"
1995. 26 Seiten, brosch.

Band XXXIII,3 HANS-WALTER GEORGII
Von der Physik zur Chemie der freien Atmosphäre
1995. 26 Seiten, brosch.

Band XXXIII,4 JOCHEN BLEICKEN
Gedanken zum Untergang der Römischen Republik
1995. 26 Seiten, brosch.

Band XXXIII,5 WERNER SCHRÖDER
Das Ambraser Mantel-Fragment
1995. 57 Seiten, brosch.

Band XXXIV,1 FRIEDRICH BECKER
Über die Natur der Wärme
Verschlungene Wege zur wissenschaftlichen Erkenntnis
1996. 42 Seiten, brosch.

Band XXXIV,2 PETER JANICH
Was heißt und woher wissen wir, daß unser Erfahrungsraum dreidimensional ist?
1996. 33 Seiten, brosch.

Band XXXIV,3 WERNER SCHRÖDER
Variable Verschriftlichung eines Märe
Ein history von eim edelman vnd sinem knechte Heinrich
1996. 104 Seiten, brosch.

Band XXXIV,4 WOLFGANG NAUCKE
Kants Kritik der empirischen Rechtslehre
1996. 19 Seiten, brosch.

Band XXXIV,5 KLAUS GANZER
Michelangelo und die religiösen Bewegungen seiner Zeit
1996. 48 Seiten, brosch.

Band XXXV,1 WERNER SCHRÖDER
Der arme Heinrich Hartmanns von Aue in der Hand von Mären-Schreibern
1997. 30 Seiten, brosch.

Band XXXV,2 ROLAND PRINZINGER
Betrachtungen um und in das Ei
Von der Stoffwechselembryogenese der Amsel zur Alternsforschung beim Menschen
1997. 31 Seiten mit zahlr. Abb., brosch.

Band XXXV,3 WERNER THOMAS
Interpretationsprobleme im Tocharischen
Unflektiertes A puk, B po "ganz, all, jeder"
1997. 80 Seiten, brosch.

Band XXXV,4 PAUL GERHARD SCHMIDT
Visio Alberici
Die Jenseitswanderung des neunjährigen Alberich in der vom Visionär um 1127 in Monte Cassino revidierten Fassung
1997. 70 Seiten, brosch.

Band XXXV,5 REINHARD BRANDT
Zu Kants politischer Philosophie
1997. 33 Seiten, brosch.

Band XXXVI,1 KLAUS LÜDERSSEN
Die Zusammenarbeit von Medizinprodukte-Industrie, Krankenhäusern und Ärzten – strafbare Kollusion oder sinnvolle Kooperation?
1998. 105 Seiten, brosch.

Band XXXVI,2 JOACHIM W. ENGELS
Gene, die uns bewegen
Von der Definition der Gene zur Sequenzierung des menschlichen Genoms
1998. 24 Seiten, brosch.

Band XXXVI,3 KONRAD F. FEDERLIN
Transplantationsversuche mit isolierten Langerhansschen Inseln in der Behandlung des Diabetes Mellitus (Typ I)
1998. 40 Seiten, brosch.

Band XXXVI,4 HERRMANN JUNGRAITHMAYR
Das Orakel von Ife
Reflexion über das verborgene Afrika
1998. 31 Seiten, brosch.

Band XXXVI,5 HANS-RAINER DUNCKER
Evolutionsbiologische Neubewertung der stammesgeschichtlichen Entwicklung des Menschen und seiner Ontogenese
Skizze einer Theorie der evolutionären Differenzierungs-Hierarchien
1998. 125 Seiten, brosch.

Band XXXVI,6 NACHRUFE
auf **Erich Egner, Adalbert Erler, Herbert Ludat, Friedrich H. Tenbruck, Manfred Wilk, Alfred Rammelmeyer, Adolph Löwe, Helmut Beumann, Theodor Hermann, Felix Wieland, Wolfgang Franz, Friedrich Becker, Hans Möller, Carlrichard Brühl**
1999. 70 Seiten, brosch.

Band XXXVII,1 HERMANN MÜLLER-KARPE
Zur frühen Menschheitsgeschichte
1999. 18 Seiten, brosch.

Band XXXVII,2 PETER JANICH
Die Naturalisierung der Information
1999. 36 Seiten, brosch.

Band XXXVII,3 JÜRGEN PETERSOHN
Papst Innocenz III. und das Verjährungsrecht der Römischen Kirche
1999. 36 Seiten, brosch.

Band XXXVII,4 MARIO A. CATTANEO
Naturrechtslehre als Idee der Menschenwürde
1999. 25 Seiten, brosch.

Band XXXVII,5 WERNER SCHRÖDER
Anmerkungen zur Edition des St. Trudperter Hohenliedes und zur Rezeption des Ackermanns aus Böhmen
1999. 32 Seiten, brosch.

Band XXXVII,6 FRIEDRICH KÜBLER
Äußerungsfreiheit und rassistische Propaganda
Grundrechtskonflikte im Zugwind der Globalisierung
2000. 40 Seiten, brosch.

Band XXXVIII,1 HANS BERCKHEMER
Die Erde im kosmischen Bombardement
2000. 20 Seiten mit 7 Abb., brosch.

Band XXXVIII,2 ARBOGAST SCHMITT
Der Einzelne und die Gemeinschaft in der Dichtung Homers und in der Staatstheorie bei Platon
Zur Ableitung der Staatstheorie aus der Psychologie
2000. 66 Seiten, brosch.

Band XXXVIII,3 PETER HERDE
Der Japanflug
Planungen und Verwirklichung einer Flugverbindung zwischen den Achsenmächten und Japan 1942–1945
2000. 389 Seiten mit 15 Abb. (davon 5 farbig), brosch.

Band XXXVIII,4 PAUL GERHARD SCHMIDT
Das römische Jubeljahr 1300
Mit einer Übersetzung von Jacopo Gaetani Stefaneschis De anno iubileo
2000. 34 Seiten, brosch.

Band XXXIX,1 MICHAEL STOLLEIS
Der Methodenstreit der Weimarer Staatsrechtslehre – ein abgeschlossenes Kapitel der Wissenschaftsgeschichte?
2001. 22 Seiten, brosch.

Band XXXIX,2 PETER JANICH
Die Begründung der Geometrie aus der Poiesis
2001. 46 Seiten mit 9 Abb., brosch.

Band XXXIX,3 WOLFGANG SCHWARZ
Zur Entwicklung einiger Gebiete der Zahlentheorie, insbesondere im 19. Jahrhundert
2001. 55 Seiten, brosch.

Band XXXIX,4 PETER HERDE
Großostasiatische Wohlstandssphäre
Die japanische Besatzungspolitik auf den Philippinen und in Indonesien im Zweiten Weltkrieg und ihre Folgen
2002. 146 Seiten, brosch.

Band XL,1 MARIO A. CATTANEO
Totalitarismus und Politik – Rechtsstaat und Menschenwürde
2002. 19 Seiten, brosch.

Band XL,2 PETER JANICH
Mensch und Natur
Zur Revision eines Verhältnisses im Blick auf die Wissenschaften
2002. 33 Seiten, brosch.

Band XL,3 JÜRGEN PETERSOHN
Heinrich Raspe und die Apostelhäupter
2002. 39 Seiten, brosch.

Band XLI,1 ERIKA SIMON
Aias von Salamis als mythische Persönlichkeit
2003. 48 Seiten, brosch.

Band XLI,2 DIETER VAITL
Veränderte Bewusstseinszustände
2003. 75 Seiten, brosch.

Band XLI,3 GÜNTHER BINDING
Die Bedeutung von Licht und Farbe für den mittelalterlichen Kirchenbau
2003. 47 Seiten, brosch.

Band XLII,1 KLAUS VOGEL u. INGRID GLAUB
450 Millionen Jahre Beständigkeit in der Evolution endolithischer Mikroorganismen?
2004. 42 Seiten, brosch.

Band XLII,2 MARIA R.-ALFÖLDI
Phoenix aus der Asche: Die Liburna, ein Gründungsmonument von Constantinopolis
2004. 50 Seiten, brosch.

Band XLII,3 ROLAND PRINZINGER
Altern und Tod: Stochastischer Verschleiß oder deterministisches Programm?
2004. 41 Seiten, brosch.

Band XLIII,1 GÜNTHER BINDING
Wanderung von Werkmeistern und Handwerkern im frühen und hohen Mittelalter
2005. 46 Seiten, brosch.

Band XLIII,2 MICHAEL STOLLEIS
Die unvollendete Gerechtigkeit. Das Projekt Sozialstaat und seine Zukunft
2005. 25 Seiten, brosch.

Band XLIII,3 ARBOGAST SCHMITT
Platon und das empirische Denken der Neuzeit
2006. 37 Seiten, brosch.

Band XLIV,1 WOLFRAM MARTINI
Das Pantheon Hadrians in Rom
Das Bauwerk und seine Deutung
2006, 47 Seiten, brosch.

Band XLIV,2 MICHAEL STOLLEIS
Brotlose Kunst
Vier Studien zu Johann Peter Hebel
2006. 48 Seiten, brosch.

Band XLIV,3 ERIKA SIMON
Adolf Michaelis
Leben und Werk
2006. 55 Seiten, brosch.

Band XLV,1 GÜNTHER BINDING
Antike Säulen als Spolien in Früh- und Hochmittelalterlichen Kirchen und Pfalzen – Materialspolie oder Bedeutungsträger?
2007. 49 Seiten, brosch.

Band XLV,2 KONRAD F. FEDERLIN
Das metabolische Syndrom
2007. 44 Seiten, brosch.

Band XLV,3 ULRICH KONRAD
Anspielen, Erinnern, Verstehen
Dimensionen musikalischen Zitierens in Richard Strauss' Intermezzo (1924) und Alban Bergs Wozzeck (1925)
2007. 54 Seiten, brosch.

Band XLVI,1 NACHRUFE
auf **Wolfgang Preiser, August Buck, Wilhelm G. Grewe, Helmut Coing, Dietrich Stark, Jost Benedum, Harald Patzer, Leopold Horner, Karl Otto Hondrich, Werner Krämer**
2008. 64 Seiten, brosch.

Band XLVI,2 HERRMANN JUNGRAITHMAYR
Der perfekte Ton
Zur Dreidimensionalität afrikanischer Sprachen
2008. 27 Seiten, brosch.

Band XLVI,3 REINHARD H. SCHMIDT
Microfinance, Kommerzialisierung und Ethik
2008. 41 Seiten, brosch.

Band XLVII,1 JÜRGEN PETERSOHN
Capitolium conscendimus. Kaiser Heinrich V. und Rom
2009. 36 Seiten, brosch.

Band XLVII,2 NACHRUFE
auf **Werner Thomas, Karl Häuser, Rainer Klinke, Martin Lindauer, Jochen Bleicken, Helmut Viebrock**
2009. 41 Seiten, brosch.

Band XLVII,3 GÜNTHER BINDING
Methoden und Probleme bei der Datierung von mittelalterlichen Bauwerken
2009. 76 Seiten, brosch.

Band XLVIII,1 WOLFRAM MARTINI
Die Akropolis von Perge in Pamphylien
Vom Siedlungsplatz zur Akropolis
2010. 95 Seiten, brosch.

Band XLVIII,2 KARL-HEINZ KOHL
Zwischen Kunst und Kontext
Zur Renaissance des Völkerkundemuseums
2011. 27 Seiten, brosch.

Band XLIX,1 MARIA R.-ALFÖLDI, EDILBERTO FORMIGLI, JOHANNES FRIED
Die römische Wölfin – Ein antikes Monument stürzt von seinem Sockel / The Lupa Romana – An Antique Monument falls from her Pedestal
2011. 161 Seiten mit 14 Abb., brosch.

Band XLIX,2 PETER JANICH, ergänzt um eine Korrespondenz mit HANS-RAINER DUNCKER
Emergenz – Lückenbüssergottheit für Natur- und Geisteswissenschaften
2011. 111 Seiten, brosch.

Band L,1 DIETER VAITL
Meditation
Neurobiologische Grundlagen und klinische Anwendung
2012. 60 Seiten, brosch.

Band L,2 KLAUS REICHERT
Metamorphosen
Unmöglichkeiten und Chancen des Übersetzens
2012. 50 Seiten, brosch.

Band LI,1 FRIEDRICH KÜBLER
Institutionelle Aspekte der Eurokrise
2013. 21 Seiten, brosch.

Band LII,1 ULRICH KONRAD
1833. Wagner wird Opernkomponist
2015. 24 Seiten, brosch.

Band LII,2 RAINER FORST
Toleranz und Fortschritt
2015. 10 Seiten, brosch.

Band LIII,1 MICHAEL STOLLEIS
Wie Institutionen lernen
2016. 36 Seiten, brosch.

Band LIII,2 PETER JANICH
Mundwerk ohne Handwerk?
Ein vergessenes Rationalitätsprinzip und die geistesgeschichtlichen Folgen
2016. 50 Seiten mit 15 Abb., brosch.

Band LIII,3 PETER GRAF KIELMANSEGG
Repräsentation und Partizipation
Überlegungen zur Zukunft der repräsentativen Demokratie
2016. 53 Seiten, brosch.

Band LIV,1 STEFAN KADELBACH
Recht, Krieg und Frieden bei Hugo Grotius
2017. 35 Seiten, brosch.

Band LV,1 HERBERT ZIMMERMANN
Plastizität und Erneuerung im adulten Gehirn
Die Neurogeneforschung weckt Hoffnungen auf neue therapeutische Ansätze
2018. 74 Seiten mit 14 Abb., brosch.

Band LV,2 BERTRAM SCHEFOLD
Die Bedeutung des ökonomischen Wissens für Wohlfahrt und wirtschaftliches Wachstum in der Geschichte
2018. 38 Seiten, brosch.

Band LVI,1 GUIDO PFEIFER
Zur intellektuellen Infrastruktur des Rechts im Alten Orient
2019. 23 Seiten, brosch.

Band LVI,2 MORITZ BÄLZ
Streitbeilegung im japanischen Recht
2019. 35 Seiten, brosch.

Band LVI,3 JOSEF PFEILSCHIFTER
Bildung und Freiheit – von der (Un-)freiheit der medizinischen Fakultät
2019. 13 Seiten, brosch.

Band LVII,1 ANDREAS GOLD
Disparitäten der Lesekompetenz
Ausmaß, Genese und Legitimation von Ungleichheiten
2020. 29 Seiten, brosch.

Band LVII,2 DIETER VAITL
Ganz normale Verrückte
Das Spektrum außergewöhnlicher Erfahrungen
2020. 25 Seiten mit 4 Abb. u. 3 Tab., brosch.

Band LVII,3 ROLAND PRINZINGER
Der springende Punkt: Vergleichende Physiologie und Morphologie des Vogelherzens
Von Aristoteles bis zur Xenotransplantation von Nandu-Herzen
2020. 59 Seiten mit 45 Abb. u. 4 Tab., brosch.

Band LVII,4 GÜNTER BINDING
Ein Beitrag zur sachgerechten Übersetzung baubezogener Bibelstellen unter besonderer Berücksichtigung der im Mittelalter benutzten Vulgata
2020. 52 Seiten mit 3 Abb., brosch.

Band LVII,5 NACHRUFE
auf **M.A. Cattaneo, W. Schröder, P. G. Schmidt, R. Jelitto, R. Sellheim, W. Schwarz, H. Müller-Karpe, F. Kübler, H. Berckhemer, W. Rüegg, K. Lüderssen, P. Janich, J. Schütt, J. Petersohn, W. Martini, J. Engels, K. Federlin, H.-W. Georgii und E. Simon**
Hrsg. von Herbert Zimmermann
2020. 92 Seiten, brosch.

Band LVIII, 1 CHRISTOPH PERELS
Zwischen Kunst und Wissenschaft, Goethe und Linné
2021, 28 Seiten, brosch.

Band LIX, 1 HERRMANN JUNGRAITHMAYR
Regelwerk und Schönheit afrikanischer Sprachstrukturen
2022, 27 Seiten, brosch.

Band LIX, 2 DIETRICH KORSCH
Erfüllte Gegenwart. Über Giovanni Bellinis Bilder „Maria mit dem Kind“
2022, 76 Seiten, mit 33 Abb., brosch.

B. Frankfurter Wissenschaftliche Beiträge, auf Anregung und unter Mitwirkung der Stadt Frankfurt am Main herausgegeben von der (in Frankfurt ansässigen) Straßburger Wissenschaftlichen Gesellschaft bzw. der Wissenschaftlichen Gesellschaft

B. 1. Frankfurter Wissenschaftliche Beiträge, Rechts- und wirtschaftswissenschaftliche Reihe, 1939–1971, Vittorio Klostermann, Frankfurt am Main

Band 1 HELMUT COING
Die Rezeption des römischen Rechts in Frankfurt am Main
Ein Beitrag zur Rezeptionsgeschichte
1939. 193 Seiten, geb.

Band 2 ADALBERT ERLER
Bürgerrecht und Steuerpflicht im mittelalterlichen Städtewesen mit besonderer Untersuchung des Steuereides
1939. 129 Seiten, geb.

Band 3 FRITZ VON HIPPEL
Wahrheitspflicht und Aufklärungspflicht der Parteien im Zivilprozess
Beitrag zum natürlichen Aufbau des Prozeßrechts und zur Erforschung der Rechtstheorie des 19. Jh.
1939. 467 Seiten, geb.

Band 4 JOSEF ESSER
Wert und Bedeutung der Rechtsfiktionen
Kritisches zur Technik der Gesetzgebung und zur bisherigen Dogmatik des Privatrechts
1940. 211 Seiten, geb.

Band 5 FRIEDRICH KLEIN
Die mittelbare Haftung im Völkerrecht
Die Haftung eines Völkerrechtssubjektes für das völkerrechtswidrige Verhalten eines anderen Völkerrechtssubjektes
1941. 337 Seiten, geb.

Band 6 WILHELM GERLOFF
Die öffentliche Finanzwirtschaft
1942. 543 Seiten, geb.

Band 7 HUGO SINZHEIMER
Jüdische Klassiker der deutschen Rechtswissenschaft
1953. 254 Seiten, geb.

Band 8 ORTWIN HENSSLER
Formen des Asylrechts und ihre Verbreitung bei den Germanen
1954. 136 Seiten, brosch.

Band 9 ADALBERT ERLER
Das Strassburger Münster im Rechtsleben des Mittelalters
1954. 60 Seiten, brosch.

Band 10 GÜNTER SPENDEL
Zur Lehre vom Strafmass
1955. 246 Seiten, kart.d

Band 11 WOLF ERNST, HANS NAUJOKS
Anfang und Ende der Rechtsfähigkeit des Menschen
1955. 240 Seiten, kart.

Band 12 HEINRICH MATTHIES
Die deutsche internationale Zugehörigkeit
1955. 103 Seiten, brosch.

Band 13 ADALBERT ERLER
Thomas Murner als Jurist
1956. 97 Seiten, brosch.

Band 14 WALTER WILHELM
Zur juristischen Methodenlehre im 19. Jahrhundert
Die Herkunft der Methode Paul Labands aus der Privatrechtswissenschaft
1958. 159 Seiten, brosch.

Band 15 OTHMAR JAUERNIG
Das fehlerhafte Zivilurteil
1958. 201 Seiten, kart.

Band 16 EKKEHARD KAUFMANN
Die Erfolgshaftung
Untersuchungen über die strafrechtliche Zurechnung im Rechtsdenken des frühen Mittelalters
1958. 111 Seiten, brosch.

Band 17 GÜNTER MENGES
Stichproben aus endlichen Gesamtheiten
Theorie und Technik
Ein Beitrag zur Methodenlehre der Statistik
1959. 179 Seiten, brosch.

Band 18 EKKEHARD KAUFMANN
Aequitatis iudicium
Königsgericht und Billigkeit in der Rechtsordnung des frühen Mittelalters
1959. 135 Seiten, brosch.

Band 19 HERMANN DILCHER
Die Theorie der Leistungsstörungen bei Glossatoren, Kommentatoren und Kanonisten
1960. 330 Seiten, kart.

Band 20 LORE KULLMER
Die Ehegattenbesteuerung
Ihre Geschichte, Problematik und Neuregelung in Deutschland, diskutiert unter Berücksichtigung der Erfahrungen in den USA
1960. 133 Seiten, brosch.

Band 21 HANS JÜRGEN JAKSCH
Optimale Investitionsvarianten in Costa Rica von 1961 bis 1966
1966. 156 Seiten, brosch.

Band 22 PETER BERNHOLZ
Aussenpolitik und internationale Wirtschaftsbeziehungen
1966. 202 Seiten, brosch.

Band 23 ADALBERT ERLER (Hg.)
Der Oberhof zu Neustadt an der Weinstrasse
Bd. 1
1968. 343 Seiten.

Band 24 ADALBERT ERLER (Hg.)
Der Oberhof zu Neustadt an der Weinstrasse
Bd. 2
1971. 307 Seiten.

B. 2. Frankfurter Wissenschaftliche Beiträge, Naturwissenschaftliche Reihe, 1939, Vittorio Klostermann, Frankfurt am Main

Band 1 TENG-CHIEN YEN
Die chinesischen Land- und Süßwasser-Gastropoden des Natur-Museums Senckenberg
1939. 234 Seiten, brosch.

B. 3. Frankfurter Wissenschaftliche Beiträge, Kulturwissenschaftliche Reihe, 1940–1992, Vittorio Klostermann, Frankfurt am Main

Band 1 WILHELM GERLOFF
Die Entstehung des Geldes und die Anfänge des Geldwesens
1940. 195 Seiten, geb.
(2. neubearb. Aufl. 1943, 246 S.; 3. neubearb. Aufl. 1947, 260 S.)

Band 2 MAX KOMMERELL
Lessing und Aristoteles
Untersuchung über die Theorie der Tragödie
1940. 315 Seiten, geb.

Band 3 HANS HERMANN GLUNZ
Shakespeares Staat
1940. 182 Seiten, brosch.

Band 4 ELISABETH u. WALTER PAATZ
Die Kirchen von Florenz
Ein kunstgeschichtliches Handbuch
1. A – C
1940. 711 Seiten, geb.
(unveränderter Neudruck 1955)

Band 5 ELISABETH u. WALTER PAATZ
Die Kirchen von Florenz
Ein kunstgeschichtliches Handbuch
2. D – L
1941. 626 Seiten, geb.
(unveränderter Neudruck außerhalb der Reihe 1955)

Band 6 ELISABETH u. WALTER PAATZ
Die Kirchen von Florenz
Ein kunstgeschichtliches Handbuch
3. M
1942. (Neudruck 1952, außerhalb der Reihe. 845 Seiten, geb.)

Band 7
nicht erschienen

Band 8 HANS LIPPS
Die menschliche Natur
1941. 155 Seiten, geb.

Band 9 WILHELM GERLOFF
Geld und Gesellschaft
Versuch einer gesellschaftlichen Theorie des Geldes
1952. 288 Seiten, kart.

Band 10 VICTOR LEONTOVITSCH
Geschichte des Liberalismus in Russland
1957. 425 Seiten, geb. (2. Aufl. 1974)

Band 11 HELMUT SIMON
Roms Kriege in Spanien 154–133 v. Chr.
1962. 204 Seiten, brosch.

Band 12 LOTHAR KRECKER
Deutschland und die Türkei im Zweiten Weltkrieg
1964. 293 Seiten, brosch.

Band 13 ADA B. NESCHKE-HENTSCHKE
Politik und Philosophie bei Plato und Aristoteles
Die Stellung der Nomoi im platonischen Gesamtwerk und der politischen Theorie des Aristoteles
1971. 453 Seiten, geb. (2. Aufl. 2004)

Band 14 MICHAEL RENTSCHLER
Liudprand von Cremona
Eine Studie zum ost-westlichen Kulturgefälle im Mittelalter
1981. 100 Seiten, brosch.

Band 15 WERNER SCHRÖDER
Wolfram-Nachfolge im "Jüngeren Titurel"
Devotion oder Arroganz
1982. 134 Seiten, brosch.

Band 16 KHALIL ALIO, HERRMANN JUNGRAITHMAYR
Lexique Bidiya
Une langue centre-africaine (République du Tchad)
1989. 163 Seiten, brosch.

Band 17 ANGELIKA GEYER
Die Genese narrativer Buchillustration
Der Miniaturenzyklus zur Aeneis im Vergilius Vaticanus
1989. 255 Seiten, brosch.

Band 18 WALTHER KIENAST
Die fränkische Vasallität
Von den Hausmeiern bis zu Ludwig dem Kind und Karl dem Einfältigen
(hrsg. von PETER HERDE)
1990. 638 Seiten, geb.

Band 19 GUDRUN LANGER
Kunst, Wissenschaft, Utopie
Die "Überwindung der Kulturkrise" bei V. Ivanov, A. Blok, A. Belyj und V. Chlebnikov
1990. 608 Seiten, geb.

Band 20 STEFAN LEDER
Das Korpus al-Haiṯam Ibn ʿAdī (st. 207/822)
Herkunft, Überlieferung, Gestalt früher Texte der aḫbār-Literatur
1991. 358 Seiten, geb.

Band 21,1 ULRICH MARZOLPH
Arabia ridens
Die humoristische Kurzprosa der frühen adab-Literatur im internationalen Traditionsgeflecht
Bd. 1: Darstellung
1992. 295 Seiten, geb.

Band 21,2 ULRICH MARZOLPH
Arabia ridens
Die humoristische Kurzprosa der frühen adab-Literatur im internationalen Traditionsgeflecht
Bd. 2: Material
1992. 417 Seiten, geb.